现代创意盆景制作

一种与众不同的盆景

马伯钦　著

我爱北京天安门盆景

中国林业出版社
CFPH China Forestry Publishing House

图书在版编目(CIP)数据

现代创意盆景制作 / 马伯钦著 . -- 北京 : 中国林业出版社 , 2019.9

ISBN 978-7-5219-0285-3

Ⅰ . ①现… Ⅱ . ①马… Ⅲ . ①盆景—观赏园艺 Ⅳ . ① S688.1

中国版本图书馆 CIP 数据核字(2019)第 221132 号

责任编辑 张 华

出版发行 中国林业出版社

（北京市西城区德内大街刘海胡同 7 号）

邮 编 100009

电 话 （010）83143566

印 刷 固安县京平诚乾印刷有限公司

版 次 2020 年 1 月第 1 版

印 次 2020 年 1 月第 1 次

开 本 710mm × 1000mm 1/16

印 张 9

字 数 200 千字

定 价 49.00 元

自序 Preface

我在退休后的二十几年，制出现代盆景千余盆，我的盆景可以自己欣赏又供人观赏，并可以传承和推广，当初也玩过活的树木盆景，由于缺乏有阳光雨露的场地，也没有时间为其养护和管理，但是从心底里还是对植物盆景甚感兴趣，就此寻求怎样将古老的盆景艺术创造出一种新的玩法，将自然之美、树石之情在盆中的景同样可以给人们带来心灵的感受，改革后的盆景能走进每个家庭，成为不需养护的掌上盆景，故自称为"创意盆景"。

在当今的盆景界中，均依照前人的种植法，翻来覆去在几种造型上做着传统的东西，所谓"盆景"从文字上理解很了然，是盆上有"景"，景是有主题、有思想、有内容的，尤其是在新时代，高楼大厦林立，汽车、高铁、电脑、微信等这些有时代特点的新物象在传统盆景上无法表现，但在现代盆景中，中华民族的山山水水、名胜古迹、古诗、戏剧的民族文化精神能在"创意盆景"上得到无限的发挥，中国5000年灿烂文化和悠久历史都可在盆景上再现。盆景作为一种艺术它可以走近生活、贴近时代，并非一定要在种植技巧上去表现。盆景艺术是追求高洁清雅，在意境上达到耐人寻味之效果，"借物抒情"。如向人们讲过去和现在的故事，它能做到使老人喜欢、中青年喜欢，甚至儿童也喜欢这种艺术。不用怀疑，它是一种传世的艺术，也是会讲故事的艺术。

本书是做了一些实样，方便盆景喜爱者探讨交流。

在此特别鸣谢上海东方电视台、上海电视台教育频道、上海闵行电视台多次编导采访播出。

同时感谢:《今日上海》市刊杂志、《上海劳动报》《光明日报》《上海老年报》《中国老年报》《上海老干部报》《上海民盟报》《嘉定南翔报》《上海闵行报》《上海大众卫生报》等媒体编写报道。谢谢!

马伯钦时年八十又五

2019年10月

目录 contents

怎样制作现代创意盆景

如果你真正喜欢上盆景，就会善于发现生活中美的存在，尤其是喜爱做山水盆景的人，一定都喜欢名山大川、江海胜景，告诉你在制作中不要停留在一个格局，我做盆景的方法是要注意到人家不注意的地方，捕捉人们生活中最美好的点点滴滴。如盆中所表现的“荒村古渡”“断洞塞流”“穷乡绝壑”“篱笆水边”“乱石丛篁”都有着诗意和画意，有待你用心去取之。在平凡的生活中寻找生活情趣和艺术境界，自己想好的构图，如果不够理想，不要急于放弃，尤其是配件上要自己动手去雕刻，并可调整和修改，只要有自己的主见和意境就可以了。做盆景也是在做学问，耐得住寂寞，心要静，手要勤，心无杂念，排除浮躁，不为名利所惑，不为人言所畏。平时要收集、选购需要用的物件，可随时拿出来用，要做到制一盆成功一盆。盆景艺术可像变化多样的影像一样展开，是在当代视觉传达上的最新探索，其可跨越文学、绘画、诗歌、戏曲、音乐成为联动，与建筑学科、人文学科、雕塑并涉及动手能力进行变革，盆景艺术可显示出一种心手相合的造物过程。盆景的课题实质都可以将古今故事和人间百态进行形象化的表达。本书所倡导的题材是告诉喜爱者，盆景是这样制作出来的，不只是将植物种在盆中的历史理念。盆景是一种文化，如不随时代一起发展，就失去了活力，迟早要消亡。盆景艺术有着通俗易懂的语言，是一种高雅文化艺术，是中华民族文化艺术瑰宝，它一定会传承下来，并发扬光大的。

从形到意谈盆景欣赏

我所制作的现代创意盆景，就是同人在讲故事，在制作前就思考好盆景中的情景，从一小块石头和一棵小树，包括盆中的景物都要有情景之美。盆景的呈现要有趣味，趣味的产生离不开构图之美，这也是盆景给人最直观的印象，盆面上布局要生动自然，景中的“虚实”“疏密”同绘画一样极有归纳性，景中的归纳极为重要，不是单安上几个人物或动物就能表达，人物中活动姿态是至关重要的，不可忽视。如制作天安门景观，天安门实像是固定的，在天安门拍照留影的人群是重点，表达人们对天安门的尊重和爱戴。再如戏剧西厢记盆景，张生跳墙也是景中重要表达的点。包括林冲夜奔在风雪中扶枪前往草料场的人物姿态在景中都起着重要作用。

制作中最有趣的是离不开色彩的节奏，在盆面上要平衡不同色彩，最简单的就是春、夏、秋、冬。四季在大自然的色彩表达，如在山水盆景中，单一的颜色无法表达那个季节的山水，就可以用色彩展示。如书中《桃园仙景》《夏日青山》《十月桂花香》《盆中雪景》《四季盆景》，就是用色彩布局，生动自然。

盆景艺术是一种独特活动，你要做一盆自己喜爱的盆景，首先要想到或看到自己要在盆上放哪些东西，盆中之景并非是大自然实景的客观反映，而是从你思考中将现有的实物去摹仿自然实物，是将盆中之景用自己的想象通过大脑活动去表达出来罢了。有时候观者不能直接理解你的盆景，因其还没达到你的构思立意的境界，欣赏盆景理解盆景艺术是不易之事，观赏每一盆作品是探索作者的主观表达和主观创造，盆景艺术是欣赏艺术，作品要渲染主题氛围及文化内涵和艺术品位，盆景艺术实质上是一门研究人性的学问，要想方设法捕捉人性，挖掘人性的东西，归根结底就是人对生活的感悟。

现代创意盆景艺术的魅力

历代文人在绘画艺术上，都有着讴咏自然、寄情山水林泉之志。中国的山水画虽经过长期的历史变迁，但在作者当时的精神生活中仍然有着重要的位置。绘画者一有空，就去大自然里游玩。究其原因，是大自然中有着深刻的文化背景；有着说不完的文化历史故事。中国文化深受道家的影响，可在山水中陶冶情操，借山水抒情言志，表达自己的理想，回忆传统的情怀。故而传统的山水画都可体现“天人合一”的境界及深邃的内涵，可以体验人文的精神价值，给后人永远的向往。

复杂的社会矛盾，常会使人想逃避现实，最好隐居山林以求宁静。在现代，某些地区存在着自然环境欠佳、空气污染、城市生活喧闹以及快速的生活节奏和生存的压力，更使得人们寄情于有着舒缓节奏的休闲地区。随着生活条件的改善，人们一有空就奔向大自然，有条件的还走向国外。暂别世俗的纷争，可获得内心的宁静。但是这是一种特殊表象，当你玩够了，走不动时，人们还需要寄情于有舒缓节奏的艺术形式，可以料知有着象征意义和内在精神的山水画，仍然可以得到追捧和发展。

我自加入盆景行业，发现一种与绘画同样的视觉艺术，那就是立体盆景。传统的盆景只限于种植范围，并没有画中景的表现。为此就以山水盆景艺术来尝试，其同样可以获得一种抚慰心灵的状态。盆景艺术中的“景”如画中的景一样，同样是可以陶冶情操的一种古典雅致的艺术手段。用中国文化和自然内涵相融合，将树石山水缩小成微型盆景，融汇古今，用自己的双手动手做些物件。在市场上寻觅的摆件，如果是适合景中的可用之物，收藏存放，随时使用。因为树石、花草、人物、动物、亭台、楼阁在应用时与内容相吻合，会增强盆景的趣味性和生动性，又能具有主观的创造性，更是接近于大自然。凭借自己的想象用于巧妙的布局，将景中之境的细微处加以精妙的刻画，可使景产生灵动，达到气势不凡的效果。在盆景作品中营造温润雅致的气息，并借用中国诗词、戏剧、吉祥等题材，组合成多种形式，创作出时代所需要的、人们喜欢的、有思想、能教育人的作品。要真正追求盆景艺术，还须静下心来去读书，去充实自己的修养，好的作品都是长期的文化积淀与生活情感体验的结合。盆景艺术作为传达自己思想的媒介和载体，需要紧跟时代，无论谈古还是说今都是与时代人共赏，展示它的魅力。

展览会展出部分作品（1）

部分作品（2）

对展品惊叹不已 流连忘返

纷纷留影 回家仔细看

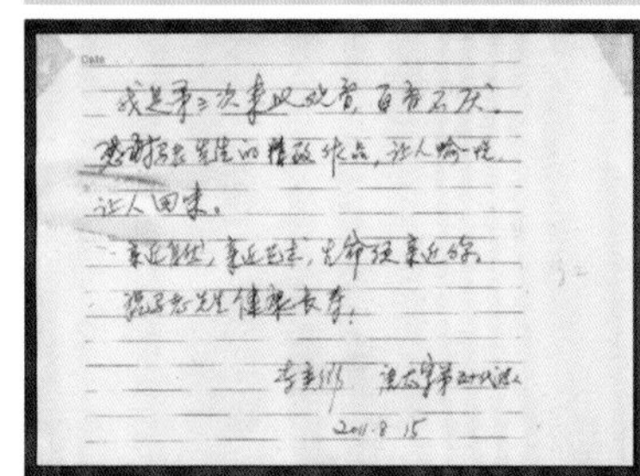
2011.8.15

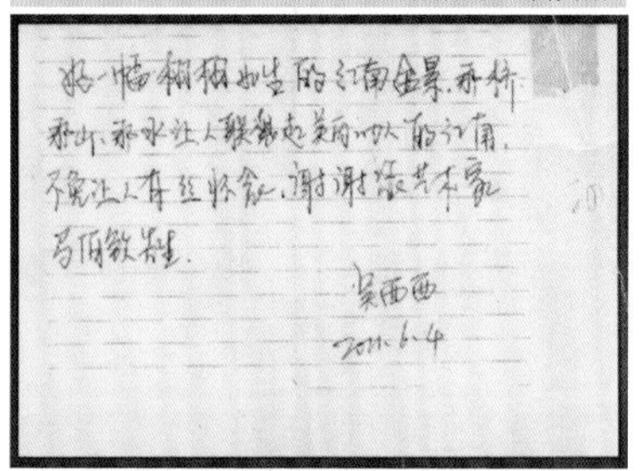
2011.6.4

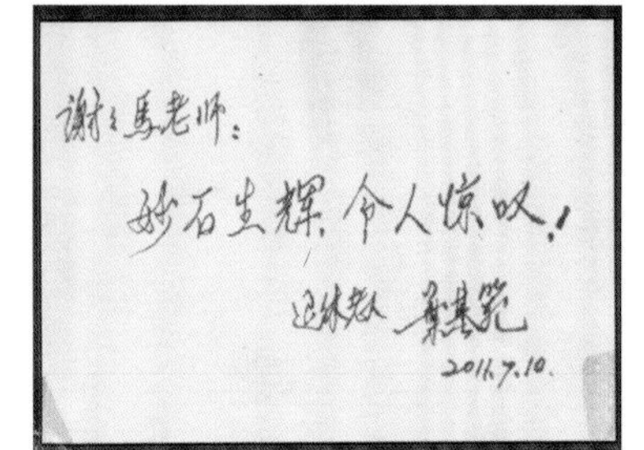
谢谢马老师：

妙石生辉，令人惊叹！

2011.7.10.

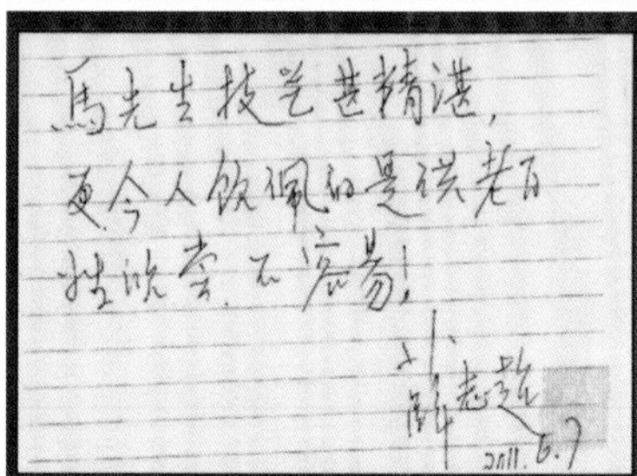
马先生技艺甚精湛，

更令人钦佩的是从老百

姓收集，不容易！

2011.6.7

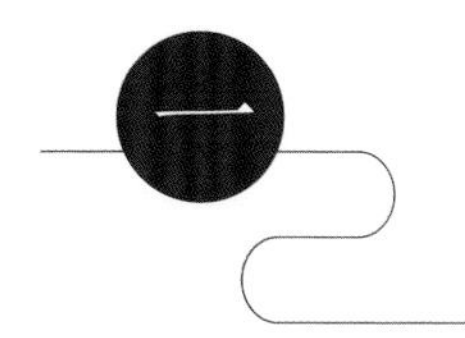

现代创意盆景制景方法

创作构思

当你收集到一些山石，并不是可以马上装配成景的，除了某些石块的自然外形与你的构思偶然巧合之外，一般均需对石料进行加工和打磨。然后才用于盆景的制作。可以汲取山水画家表现山纹石理的皴法，应用在盆景之石上，比如，状如叶脉的“前叶皴”、重叠双错的“解索皴”、修直挺拔的“斧劈皴”“披麻皴”“折带皴”等等，对各种不同石料通过雕凿、打磨等刻出不同的纹理，使这些纹理变成为幽谷深壑、绝壁悬崖、险径回曲、流溪飞瀑等自然形态，使人深感万物造化之奇妙。微型盆景的形式大致分：远景、中景、近景、悬崖式、象形式、奇石式、水旱式、挂壁式等。

制作盆景是与绘画画理相通的，是以理、情、态为原则。在群石中选出石的美感来，不是任何一块石头都可以拿来用。每盆盆景中要做到石色统一、石纹统一、石质统一、整体格调统一，在具体布局中，力求各石的部位色泽要一致，相互柔和。对石材选择上，独块山石的石质最好，是山石结构受到自然风化形成的真山势形象，从古至今，要求独块山石的神态能达到“皱、瘦、漏、透”四个字，“丑的石纹”也可能有着美姿奇态。

制作盆景石料很多，但总体分为两大类：一是软石类和硬石类。软质石有浮石、砂积石、海母石、芦管石、鸡骨石、玄武石、白松石等。硬石有英石、斧劈石、石笋石、木化石、太湖石、灵璧石、龟纹石、千层石、风砺石、瓦卵石、孔雀石、砚石等，据记载有116种之多。初学者还是用软石为好，方便制作。

本书中的石料基本以软石为主，大山形软石容易随心雕凿，硬石如整体美直接可拿来用，不论软石还是硬石，盆景作品是一个整体，其中每个局部都要做到“情”和“景”的交融。制作者要认真思考，反复品味自己做的盆景有何含义，要表现什么主题，方可动手制作。切不可将碎石拼搭成一盆无内容的盆景，让人看不懂的盆景是毫无意义的。

制作前先画草图

我所制作的盆景，一定要先画“草图”，因为草图是在创作前通过自己的思索，本能和真情流露。是在特定的时空下，饱含着自己独立思想和情绪，在草图中可以掌握“以大观小”“以近观远”“以体观面”“以时观空”。画草图如将自己变成鸟在空中飞翔，观看大自然的一切形象，可以提前预知在盆中怎样去表现，有不对之处可以先在“草图”上修改，自己感觉顺眼了就按照图中去制作，“草图”会使你达到理想中的“景”，所以不要小看一幅“草图”，它可以与盆景的内容相映成趣（以下部分草图仅供参考）。

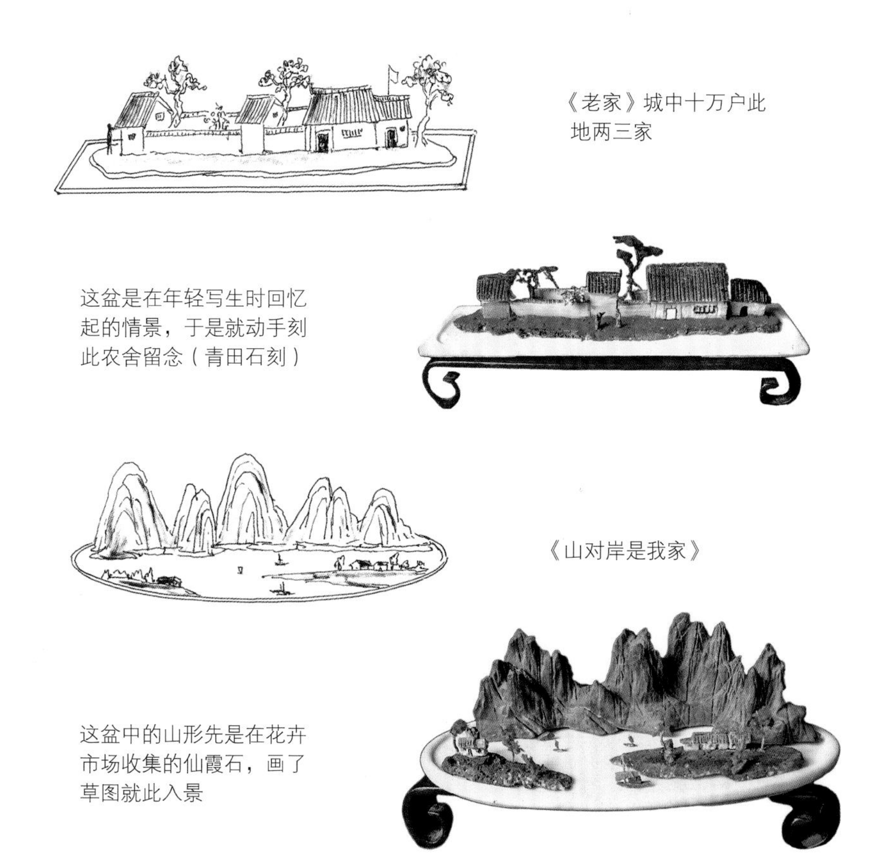

《老家》城中十万户此地两三家

这盆是在年轻写生时回忆起的情景，于是就动手刻此农舍留念（青田石刻）

《山对岸是我家》

这盆中的山形先是在花卉市场收集的仙霞石，画了草图就此入景

在草图上预先知道景观的比例 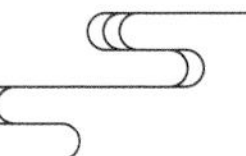

李可染《韶山》1.24亿破纪录

这是在报上见到拍卖消息，李可染大画家一幅《韶山》（破1.24亿元纪录）

在具体制作中，我认为要表现从前和现在的题材，不单是乡村里的一屋一树，是要在盆中将乡村的具象升华出一种意象，用立体形色体现意境，就必须要求你在总体上把握其中的整体比例、层次、物象、色彩的提炼概括，制成这样的盆景才能使景产生朦胧之美，使观者有想象的余地。

此盆就是依据上图刻制的《毛主席故居》立体盆景可以独自赏玩

心血来潮想做一盆立体韶山就画了这张制作草图

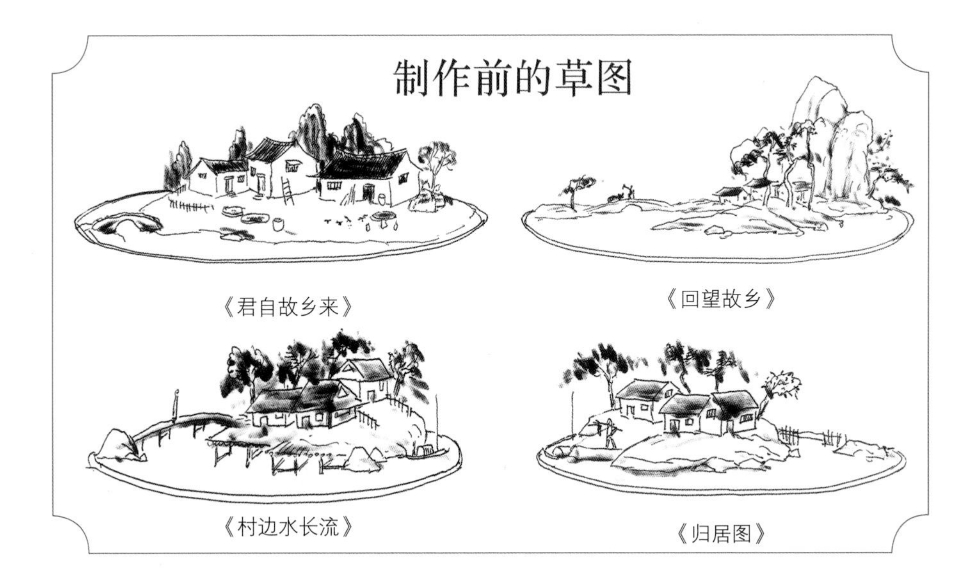

制作前的构思

《回忆旧居》

《屋前屋后全是水》

《山乡幽居图》

《湖边到处看山色》

挂壁盆景草图《山居图》

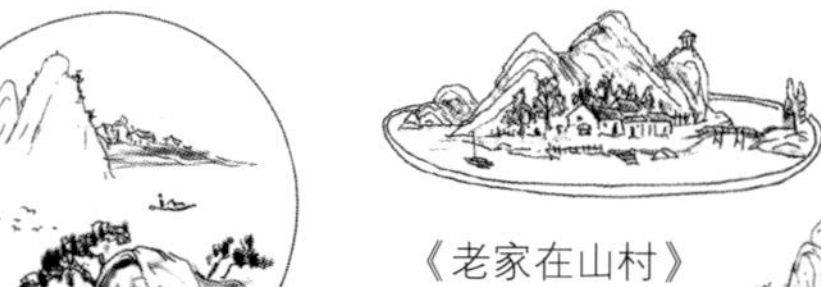

《待渡》

《老家在山村》

《忆别》

《大树下是我家》

《江南小镇》

《遥看瀑布看山川》

《别友图》

《过桥就是家》

《湖边人家》

制景范例（一）《大地的旋律》

《大地的旋律》一景，原石是一块山间里的水冲石呈现成的梯形原石，我在原石上涂上一层层绿色，再粘上市场上卖的绿色塑料粉末，大地是用砂积石锯成片状，布满为大地，形成农田，并种上假树。此盆只有6cm×13cm长，如果用大盆，此石感觉小，故微型盆景的特点就是“以小观大”达到比例效果。用青田软石刻几间小屋、小塔，凭自己所想去安置小摆件。盆景主要是反映山水风景景色，布局应该是引人入胜，使人有身临其境的感觉。“千里之山不尽喜，万里之水不尽秀”说的是并非有山有水就成境，山石的美只是成功了一半，重要的是布景，要有含义，要有“情趣”。当代传统盆景中的山水，树大于山，比例失调，失去了真实效果，所以微型盆景只能以假树替代有生命的植物，不必太过强求一定要真树，否则达不到大自然的真实效果。

下图是介绍如何制作假树的方法及景的配件，提供读者提高制作盆景的动手能力，给你参考和示范。

一块山石先上色呈山脉

《大地的旋律》（梯田）
的制作
10cm×20cm

将石上涂白胶将绿粉撒上

砂积石锯片做大地
主要可以提升立体感
并能植树

粗细绿粉

刻些小屋塔

制景范例（二）《江边渔村》

《江边渔村》盆景，原是一幅平面水乡水彩画稿，家乡田园渔村的一角，很有观赏性，制作立体盆景比画更有观赏效果，我就用三夹板薄片做墙，再用细竹、牙签搭在一起作水榭，屋顶是用棕片盖上原画背景是虚构云气，盆景是展现实景不能虚构，就用一块砂积石锯平作水榭的靠山，山上添些小树，再用青田石按比例刻了4只小船，原画比较单纯，作为盆景要添加细节，即在屋的栏杆上放一站立老者，向船上的渔民询问打渔收获情景，这样安排是将景中的意和情从景上表现出来，盆景可以做到含蓄、耐人寻味，比画更有欣赏性，同时可引发人对水乡情景的回忆。

刻做几只小船

绘画中的江边渔村

《江边渔村》立体盆景　10cm×25cm

制景范例（三）《乐山大佛》

中国的盆景艺术是“缩名山大川为袖珍，移古树奇花为室景”，盆景上要集中典型地再现大自然的风姿神韵，作者要通过自己的艺术构思和想象，移情思维的心理活动去扩充、丰富盆中之景，我虽未到乐山游过，但在电视上见的景象深深地记录在心中。盆景艺术虽然看上去只是缩小的“模型”，但要经过艺术加工，严格仿真，巧构头脑中的大自然环境，才制作出这盆《乐山大佛》。

此景关键是大佛脚下人物船只的比例，显现大佛的雄伟。

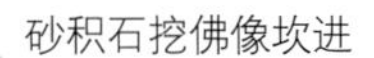

《乐山大佛》名胜盆景　10cm×25cm

制景范例（四）《时代广场舞》

中国盆景艺术要融入时代，在盆景艺术上进行意象塑造，向现代人们生活方面延伸，使人们对大自然情怀更富于时代性和现代感。这盆时代广场舞盆景是中国人们生活安定享受美好生活的写照。广场舞是在城市中产生的，要表达城市风貌，在高楼路灯下进行，延伸出车水马龙的街道，体现当代人生活的环境氛围。

草地用软石作薄片，用白胶将塑料、绿粉粘上后，再将树和楼屋粘上

房屋用薄的有机玻璃刻制后涂色

人物在市场上有售，但要买多才能挑选一样的姿态，之后配上扇或花作道具

《时代广场舞》时代盆景　10cm×20cm

制景范例（五）《一带一路》

当代许多喜爱盆景的人，不能摆脱传统进盆种树的盆景观，更谈不上在盆景上有现代气息。盆景创作要了解时代的变化，有时还可以根据国家形势去开拓，如“一带一路”的倡导，我根据中国将自身的建设成就走向国际互动发展的理念，制作成《一带一路》盆景。这题材已做过3盆，在本书109页《大漠驼影》是其中之一。此景以秋色胡杨树林为主，衬托丝茶古道环境之美，改变沙漠之行无色彩的景象。

石盆底用砂积石锯片成大地。用白胶涂上之后撒上黄沙为沙地，枯枝条粘上红色干草叶

把几块软石涂上赤红色，与沙地同色调

人物与骆驼可以自己刻制，现市场上已有售但要比例协调

《一带一路》时代盆景　5cm×25cm

制景范例（六）《山村送儿上大学》

《山村送儿上大学》盆景是我在报刊看到的一篇报导，贫困的山区要考上大学是件极不易的事，在山区学生都是靠自身的努力，不像城市地区可以补各种课，阅读还有专人指导，山村学生全靠艰苦自学，如果山村有学生进大学那可是全村的大喜事，如古代考取状元那样荣耀，盆景的构思就是这样产生的，人的一生要有思、有想、有追求、有梦想。山村学生改变不了客观条件，只有确立自己的理想，实现自己的价值。新时代新盆景要涵养出新的意境，《山村送儿上大学》这一立意，仿佛置身于景中，观后让人久久回味。

远山用沙积石刻制，用薄片拼接大地，近景用同样一高低错落的山石将对山隔开，呈现一条江河

刻一只小船，把人物安置在船上

塑制小人物市场有售

《山村送儿上大学》时代盆景　5cm×30cm

制景范例（七）《茫茫雪山通高铁》

当前的时代是创新蓬勃发展的时代，如何将优雅诗意的盆景艺术引领时代创新，这是盆景创新发展的一大变革，盆景艺术应注入新的事物，《茫茫雪山通高铁》盆景是以形写情，盆景要紧跟时代去创作，中国高铁的发展，开进寒山沙漠的景象，代表着新中国已奔向先进国家的前列，此景可使观者在精神上得到愉悦和享受。盆景要创新就不能停留在原地踏步，不只是种树而已，要以新的内容丰富盆景创作。

这是市场上买的海母碎石，它呈灰白色，前山略小于后山，将一条平面雪地分隔，树与山均晒粘白石粉成雪景

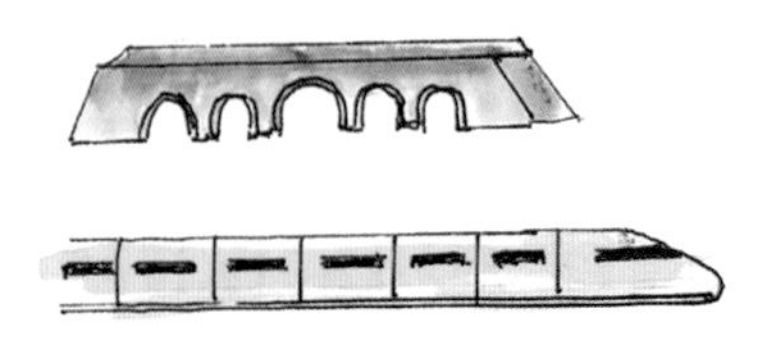

用软石刻一座石桥和一列高铁

将民舍、假树布置于雪山上

《茫茫雪山通高铁》时代盆景 10cm×20cm

制景范例（八）《秋林牧归》

《秋林牧归》盆景是景上寻幽的一例，大自然红色的秋景能使人赏心悦目，能观赏秋季红叶只有短短的几个月，一眨眼红叶就散落大地。本作品是把收集来的枯枝用胶水粘上红色假叶而成丛林式的“红树林”，放进一长椭圆形盆中，地面用绿色塑粉粘上，配上一老农赶牛回归的情景。中国盆景艺术重意象精神表现，是具有高度审美艺术的一种形式。观看此景，会给人宁静之美，并可一直留在室中观赏，富有勃勃生机，极具美观。

这些枯枝是小区清理出来的普通树枝，再用熟褐色丙烯颜料涂上增加光泽感

在市场上买来的红色干草，把秆去掉取其红叶粘在枯干上，可多次使用

市场上有售的人物和牛，但要整休比例适当否则只能自己刻了

《秋林牧归》田园盆景　8cm×25cm

制景范例（九）《钟馗嫁妹》

据史料记载，唐明皇从骊山校场回宫，忽然得了重病，朝廷的御医们想尽了各种办法，皇上的病情也没好转。一天深夜，唐明皇梦中见一牛鼻子小鬼，身穿红衣，一脚穿靴子，一脚光着，靴子挂在腰间在作怪。这时突然出现一个大鬼，头顶破帽，身穿蓝袍束角带，一下捉住小鬼，然后挖其眼，再将它撕成两半吃掉。唐明皇忙问大鬼名讳，大鬼上前奏道："臣是终南山道士钟馗，因应举不捷，羞愧不已，触殿阶而亡。死后成为鬼王，誓除天下恶鬼妖孽。"唐明皇一梦醒来，顿觉神清气爽。再经饮食调养，不但病全好了，而且身体也比以前更强健了。唐明皇大喜，便宣召当朝著名画师吴道子进宫，对他讲述了自己梦中所见，命他将钟馗画出来。吴道子奉诏之后，回去根据唐明皇所述，在素绢上画了一幅《钟馗捉鬼图》。唐明皇在图上亲笔题词，令有司将钟馗画像传告天下，"以祛邪魅，兼静妖氛"。

自此，就衍生出很多关于钟馗的故事，其中《钟馗嫁妹》故事流传很广，出现了很多文学形式。我手里正好有一只钟馗瓷人，又配了同样大小的瓷女。做了一盆在私家花园送妹出嫁的情景作品。我制作此景，主要是想从神话故事、典故中寻找素材，拓展盆景的创作题材，使盆景的视觉模式更加丰富，使盆景艺术更具趣味性和故事性，打破传统的盆景观念。

首先设计出钟馗的家园亭楼、长廊、围墙，市场均有售，主要布置张灯结彩的喜庆场景

钟馗呈现兴奋状态

仕女坐着化妆姿态

用石刻一化妆台，刻些化妆用品

《钟馗嫁妹》古典盆景
6cm×12cm

此树粘上红色树叶表达喜庆

制景范例（十）《风雨垂钓》

这盆《风雨垂钓》是根据唐代张志和的《渔歌子》一诗之意境而作，“西塞山前白鹭飞，桃花流水鳜鱼肥。青箬笠，绿蓑衣，斜风细雨不须归。”该诗前二句描写一位头戴青色斗笠、身披绿色蓑衣的渔夫，在山水相依、鹭飞鳜肥、桃花流水的盎然春意环境中捕鱼，是一幅令人神往的春江垂钓图。后一句写出垂钓者的内心活动，即便是“斜风细雨”也不须归，渲染了在烟雨空濛之中而流连忘返的乐趣，突出了忘情于山水、醉心垂钓渔夫的形象，也突出了垂钓者醉心于垂钓的情境，同时表达了热爱自然隐逸江湖的情趣。

盆景的意境就此诗而产生，我把此情此景制成立体盆景，存放在书斋的案头，细观，真趣也。

中国盆景是艺术，见人见物见生活。

一只旧瓷盆用软石切片铺大地，配加大小2块砂积石，石后植一棵大树

在市场可买到钓鱼老翁，用棕树皮做一防雨蓑衣

用细竹和棕树皮搭建一间避雨棚

《风雨垂钓》田园盆景　6cm×12cm

制景范例（十一）《风雨拉犊》

盆景是一种借景抒情的艺术，在盆景中一草一木，一石一水，无论是真是假，都应该渗入制作者的主观感觉，凝聚自己的思想感情，这样不仅使观者看到盆中之景，而且能触景生情，从有限景的内涵产生无限的思情，这就是盆景中的"情景交融"。

《风雨拉犊》的底盘原是一块砚石，在砚石上有蓄水的凹塘，在此放置一头正在嬉水的牛，下雨了，路上催叫牧童回家，就产生拉牛之景，生动有趣。我们常谈的"意景"是以自然的现实组成生活中的景物和情感，即气韵生动，达到"情与景"交融的立体效果。

在砚石上用砂积石薄片组成大地与地面分隔高低又便于植树，置块小石作小山景

配上2个人物和牛。如有买可直接买来用，否则只能自己动手做

配置做几棵假树和草亭，大地撒上塑料绿色粉沫

《风雨拉犊》田园盆景　10cm×20cm

盆景制作素材

如没有合适配件，只能买软性青田石自己刻制

刻时用的工具

山的背景平时收集有山形的小石头

用水泥黏结石块，用不会脱落的丙烯颜料在石上着色达到色彩效果

树干来源和制作：

1.收集有弯曲的枯枝和根须；2.用丙烯颜料上色；3.将制作好的树搭配在景中

树叶的制作：

1.将松软的海绵浸在颜料中上色；2.待干后粉碎；3.也可选用人造干草做叶，用胶粘在枝上

草屋、水榭的制作：民舍、草亭、水榭、竹排都可自己动手制作

竹丝、牙签、棕皮、细木板、胶水

微型盆景的底座，市场上均有售。主要突出景的内容，下面是常用的盆景几座

吉祥盆景制作过程

1.选用一块平整的石头，配上相形的底座；2.用大小2只象；3.将制作好的树组成一盆“吉祥（象）如意”的盆景

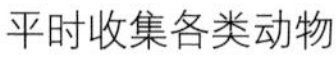

平时收集各类动物

后语：

一个人对某些东西发生了兴趣，久而久之就会慢慢地产生了一种热爱，他会不自主地去寻找。从中会增长学识，增加对事物的认识，自觉地珍藏喜爱的东西。兴趣最重要一点就是坚持，心血来潮来做兴趣事，是不会成功的，只要有坚持的精神，才有成功的希望。

古代人物的收集

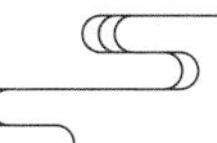

市场有售陶塑彩釉古代人物，但较大，只能使用在大中型盆景上

这里只有1cm大小的陶塑古代人物造型但价格较贵，只要你花工夫也可自己刻。左图是广东佛山生产的微型陶雕人物动态，供参考

古代陶塑造型姿态可在景上应用

这组较小的瓷塑人物可在小盆上选用

现代人物的选用

《山区旅游》盆景中的现代人物 市场有售

制作现代盆景可选用现代塑料人物，市场上均有售，大小都可挑选，但人物姿态不多，只有站、坐2种，走、跑、跳缺乏

《东山大佛》盆景中的现代人物
关键是比例

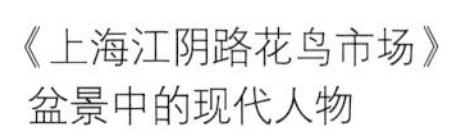

《上海江阴路花鸟市场》
盆景中的现代人物

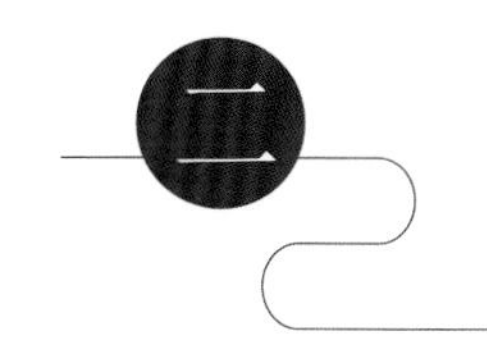

现代创意盆景百景随笔例图

现代创意盆景的主旨

记载着历史的故事
可谱写时代的华章
奉献出人间一片情
以爱护植物为目的

丰子恺笔下的盆景
不要将植物如此造作

盆景是会讲故事的艺术

十类现代创意微型盆景题材的展现

现代创意盆景题材十分广泛

写在前面

要有人问我，你的微型盆景这么多，怎么会制作出来，我告诉你制作盆景要有充分的想象力。何谓想象力？是每个人头脑中创造一个念头或思想画面的一种能力。我们每个人都有一个内心世界，内心世界是看不见、摸不着的，也无法用语言来表达。大脑如何来表达自己的内心世界，那就是想象。在诗歌、文学、戏曲、哲学、绘画等各种艺术中，他们都在进行自己的想象。在我们制作盆景过程中，想象力起到非常重要的作用。

想象力是人类创新的源泉，它可以使你享受快乐和自由。美学的理念都存在其中。如诗人充满着想象力和思索，画家讲精神美融入绘画之中，音乐家把最美的音符给人听。盆景艺术，同样用立体自然境象表现在盆里。为此，想象力可以突破概念的僵化、固定化，它会给人带来惊人的创新能量，在旧的内容中发现新的形式。

如何把想象力运用在盆景艺术创作中去呢？就如孩子来到这个世界，观察一切都觉得很新奇，就首先要积累丰富的知识和经验，在观察古人所写的生活景象及近代社会上的人们生活中的题材，去进一步地想象，进行思维加工，使盆景有更多的素材可以做，如家乡田园题材，“常回家看看”“回娘家”系列盆景，用立体的画面呈现出当代人们生活气息，将传统山水重新激活，在家乡古镇的场面随心所欲的择取。如“春风又绿江南岸”的诗意中，景中的石桥、瓦房、院子、河网、小桥流水等等都是丰富想象力的来源。习总书记提出“绿水青山就是金山银山”的论断都会使你产生灵感，灵感是一种奇妙的东西，有时很快就会消失，那你可以记录在本本上，随时见到的琐碎小事，脑中的情景都可在盆景上进行创作，使每盆成为一个故事，这些故事在盆中自然流露也会使你享受乐趣，感到快乐。以下的100盆盆景，都是这样完成的。

大地的旋律

规格：6cm×13cm

石种：水冲石

每个人都有兴趣爱好，对某些东西会萌生兴趣。久而久之便产生一种热爱。我年幼时就对美术产生了兴趣，在美校的一次写生活动中，我在山边河涧拾几块小石头和几片枫叶带回家，在一大堆的石头中，对一块有层次的奇石特别感兴趣。因为近期去了一次桂林，在群山之间见到了大地的梯田，山坡上的稻田一层一层地展开，如同音符的旋律，这块奇石就表现得如此得体而富有美感，同时产生了灵感并动手制作了这盆『大地的旋律』。

盆景艺术的本质在于发现和创造，我们生活在当今时代，不能停留在植物种植和高山排列之中，如果不求思变会与艺术精神背道而驰。现在旅游出行极为方便，人们可以随时去想要去的地方，但不能只带回照片，来取代真实的游玩乐趣。作为盆景艺术爱好者，把自己学到的盆艺技巧，将大自然搬回家，就如『大地的旋律』此景，安置在案头观赏，一眼见到梯田，忆想着家乡劳动人民多么伟大，通过双手创造出如此完整的大地艺术作品。盆景既要有传统韵味，又要在形式感和整体感上有新时代精神，这才是创新。

水上舞台

规格：6cm×12cm
石种：青田石刻

现代盆景要借古开今、融古出新，中国的戏剧如『梁祝』『红楼梦』就是借古颂情，深受广大群众的喜爱。在江南水乡绍兴地区到处有着这样一个舞台，它的一边靠岸，舞台朝向河边，有着一种特有的风格。因为水乡的农民家家都有船作为交通工具，一家老小坐在船上去观看家乡戏，是极为高兴的事。鲁迅笔下的『社戏』就是这样描绘的，这种具有民族文化的『水上舞台』是别开生面、耐人寻味的，盆景艺术是寄托文化精神，当今家乡还保存着这样的水上舞台，此盆景以景抒怀，以境共鸣。

旧时期的背纤

规格：5cm×15cm

石种：砂积石

我们制作盆景要表达日常生活和人间的真谛，山水盆景，不能是单一形式，我们要另辟蹊径，用独特视角做出别有的山水题材。这盆『背纤图』是我在幼年时见到的实景：江南多山，运河是南北交通的大动脉，山上采的木材、毛竹编成排，通过河来运输。有时还将大米、豆类都装上船，船就重了，如果没有风，靠人划桨行驶，速度很慢，船上人员就到岸边进行拉纤。拉纤的第一个人最吃力，他们要弯着腰向前走，有时将纤板放在背后，可以挺挺腰。这种背纤只能在旧社会见到，现在船只都用马达机器替代，此盆景可反映旧社会劳动人民生活的艰苦。

中国盆景艺术是一个重意象精神表现和具有高度审美艺术表现的一种形式，中国山水盆景不一定总是高山流水，美丽的中国江南古镇中有着取之不尽的题材去捕捉，是相机拍摄不到的视觉效果。

盆景『回娘家』的山水背景在江南水乡，河流四通八达。出嫁的女儿，每年都要回娘家住几天，女儿带着准备好的礼物及替换的衣服，坐了一条小船，在这山青水秀的河道上，悠悠地回娘家。这里摇船的人，可能是夫婿，也有可能是儿子。船上急回娘家的妇女，此时此刻的心情是何等的快乐。我就是把江南极平常的小景：小船穿过小石桥向目的地驶去，把石头、树木、农舍组合在一起，刻制一艘小船，互映统一，表达盆景的丰富性。

规格：10cm×20cm

石种：英石

回娘家

我们既然生长在中国，盆景制作就要关注中国人日常的题材，盆景艺术必须深深扎根在中国传统文化之中。乡村、田野和劳动的人群以及中国上千年耕耘的历史人物，造就了各式姿态，把它移在盆中欣赏，仿佛置身于大自然的怀抱。

盆景『踏水车』是描写过去种田用水的场景，当大热大旱的天气，田里、浜里、小河都已干涸见底，只有大河里还有水，江南一带农民自制了这种引水车，由2~3人用双脚将河里的水引到田里去。踏水车不是件容易的事，水从低处流入高处，人光着肩背用力向后蹬，踏车人要共同配合，力用一点上。蹬得不巧，车轴会折痛腿的。这盆景不仅能回忆旧时期农民的勤劳智慧，还教导我们在丰衣足食的今天，粮食的来之不易，我们还要尊重劳动人民的辛勤汗水，千万不能浪费粮食。

踏水车

规格：6cm×12cm

石种：砂积石

草庐

规格：5cm×10cm
石种：砂积石

盆景这个词汇是千变万化的，我们制作盆景不应该一成不变，不应是单一、高山流水式的山水盆景，应该不断探索、尝试、发展。我在大城市尘嚣的樊笼里住久了，总希望返璞归真，重返过去的那份宁馨安祥的乡村生活，在古画中见到土楼、草庐，就忆想制作了这盆『草庐』盆景。景中内容大部分是想象的成分，借助于『心外天物，境由心造』『结庐在人境，而无车马喧』的意境。盆景艺术的创作过程，也是造境的过程，这就是情境结合起到的重要作用。

记忆中的老屋

规格：10cm×30cm

石种：砚石

盆景艺术的创作过程，也是造境的过程。造境是中国盆景艺术的核心，其特点就是表达『天人合一』，是主观与客观结合，是深层次的创构，作者的修养在造境中占有很重要的地位。

『记忆中的老屋』盆景的产生，就是造境的一种形式。我在市场上见到一块砚石，反复观察，大自然的熔冶，构成一种有理想、有感情的、自然界产生大地空间的景象，也就利用其特点，忆想起儿时家乡的老屋，想起那个贫困的年代。那残破不堪的老屋，那种荒凉依然在眼前晃动。父母出工把我锁在老屋里叫我看书写字，如果远处传来伙伴的打闹，只能踮起脚趴在窗口张望，这种景象永久停留在脑海里。为此就用此块砚石，动手制作此景，置放在案头上可以将记忆之中的景象永远保存。造境并不是凭空臆造，力争把盆景艺术回归大地、回归自然，就能达到制作盆景的目的。

放羊图

规格：10cm×20cm

石种：英石

如果在自己的斗室，想听野溪的流水淙淙，又想看大漠的长途遥遥，或家乡的桃源深处、田园小景，都可以通过盆景来实现，不需费时出门，就可以在家坐观百景，赏天地大美。

在这块不起眼的砚石上，『放羊图』盆景就很耐人寻味，这块砚石有着高低错落的层次。放羊老人坐在石边上，观看群羊吃草的场景。这棵开着红花的老树，可以挡住烈日照射。抬头蓝蓝的天，低头青青的草，这一方『静地』宁静而致远，多么美的家乡风土人情。

无限风光在险峰

规格：6cm×12cm
石种：白风砺石

做盆景要有自己所思所想的题材，我们所收集的石头，不是为了单一的观赏。为了使它发挥更多的用处，如何将这些碎石营造出意境？则要将自己的主观精神与情感投入其中，达到盆景既要有深邃的自然境界，更要有情景的创造。『无限风光在险峰』，盆景就是利用整块灰白二色的风灵石，形如祖国的高原雪景，按比例安置一些现代人攀爬雪山的最高峰。教导人们攀高峰是件不易的事，没有这种坚持不懈的精神是不能抵达最高峰的。做人也是这样的，只有不断努力，才能达成自己的愿望。

红色根据地

规格：10cm×20cm

石种：玛瑙石

我们在观赏盆景时，好与不好，不在于大小，而在于内容的真诚、布景的气魄、色彩的呈现、情景的创造。盆景『红色根据地』构思也是非常奇特，在嘉定参加协会的一次赏石展上，一个售石摊上有这样一块不起眼的石头，该石也属风砺石，表皮如土堆积出来的，最奇的是在山脚边有一排凹陷的空洞，而空洞对穿后山，很像延安的窑洞，里面很深，像在电视上经常见到的红色根据地的办公处。我在窑洞前刻制了推磨、井桶等一些生活用具，这里树木葱茏，屋前种有菜地，富有陕北延安风土人情。见景后引起对长征时代的革命精神及其艰苦生活的思念，在盆景中注入了雄浑壮阔的时代精神。

创作山水盆景，常含有八个要素：石老而润、水净而明、山要崔巍、泉宜洒落、云烟出没、野径迂回、松偃龙蛇、竹藏风雨。虽然在创作盆景时不能面面俱到，但可以朝着这些要素去布局、去点景。盆景『奇山清趣』是一块独立的砂积石，极为普通，但存置在这只小圆盆内显得气势磅礴，即：石老而润，挺拔而崔巍。其含有一种珍贵的、写意画的本质，体现大自然的精神和大美。八个要素就在其间，让观者去无尽地遐想吧！

奇山清趣

规格：12cm×23cm

石种：砂积石

江边渔村

规格：10cm×20cm

石种：红松石

中国盆景艺术是一个重意象的艺术表现形式，我们要把自己平时的所见所闻，将极平凡、平常小景做出又新鲜又有境界的盆景作品，并且把石头、松树、草屋组合在一起，就能起到画龙点睛作用。『江边渔村』盆景，制作很简单，在画民居的资料集上有一种设在江边的渔家草榭，是用当地产的毛竹、芦苇搭出来，能在河边生活的几间竹屋。渔民们背靠着山石大地，过着幽静祥和的生活。靠山吃山，靠水吃水，民间存在着强烈的生命力和生生之气。正所谓：『树石成景写渔村，真情展示留人间』的诗意。

新龙门客栈

规格：10cm×30cm
石种：彩色千层石

自从我观看了一部『新龙门客栈』电视剧后，无法忘记剧中的边塞风情，它虽与江南柔软的土地不同，但它存在着刚强的大漠之美和峻险之形，无一绿色的大沙漠之地，红瓦石阶、木架土围的边塞景象，人在一望无际的沙漠中感知幽静和沧桑，深深体会着古代人在这恶劣的自然环境下，行走在丝绸之路的艰难和困苦。

『新龙门客栈』是体现出世代人留下的岁月记忆，告诉我们这个世界充满着大地的神秘。盆景艺术不仅可以营造出边塞大漠的地貌和意境，还可贯彻当前『一带一路』『复兴丝绸之路』的战略，体现中国人民对世界的贡献及实现盆景爱好者丰富的精神生活。

家乡一场大雪

规格：6cm×12cm
石种：英石

在欣赏古代的冰雪山水画后，引发了对冰雪山水盆景的兴趣。传统山水盆景中，只能利用白色的石头作为雪山的背景，无法深层次地去表达。这里用冬天的景致来表达故乡的意境，从而营造出冷逸之美。

盆景艺术本体性在于『创』，将冰雪覆盖的树林、小河、茅屋，用盆景艺术的特有视觉效果，营造雪趣的童话世界。『家乡一场大雪』盆景是展示现实生活，在冰雪故乡中人们生活的状态，在有限的盆钵中，堆满白雪的石桥、板桥通向了家园。一艘小船堆满了积雪，小河也结起了厚厚的冰层，有很多的物、景都可以添入景中，可以用自己的双手去表现故乡的冰雪之美，这盆景可在创作冰雪之景上做一个示范。

南极所见

规格：6cm×12cm

石种：白玉石

铁骨冰心意欲仙，几块白石最天然，堆入盆皿仔细看，一堆企鹅呈眼前。盛夏季节，心烦意躁，无事整理碎石中，有几块白如雪的石块，深感一些凉意，拿出托盘放置细看，南极冰山眨眨在目，想起黑衣、红嘴、白肚的企鹅在冰山嬉戏的场景，就动手用青田石刻成数只，置在白石之中，题为『南极所见』的盆景呈现在眼前，当完成后深感凉意，见到了南极的冰雪世界，荡尽胸中烦躁。借助几块白石和几只小动物，使整个景产生其环境的气息，将自然中的灵趣呈现在盆皿之中，这就是制作微型盆景的乐趣。

江色帆影

规格：10cm×20cm
石种：蓝矿石

我们所看到传统的山水盆景，其对石种的色彩不够重视，因为这与传统的国画有关，以墨色为主，都呈现出灰色调，因此盆景大多以灰白为主。随着时代发展，画家张大千大胆地将山色画为大红大绿，这使一种画的色彩前进了一步。当前我所制作的山水盆景同样可以用各种有色石种来制作，效果极佳。这盆『江色帆影』盆景就是选用紫蓝色的矿石制作，这石种极少见，是已故上海盆景协会理事梅国雄遗作，其大胆地选用稀有的蓝矿石制作。山层层叠叠，高耸而清癯，『溪山静远』『近瞧远观』，此盆盆景用矿石制作，可称为独一无二，因为此石在石市场已见不到了。

夕阳照山景

规格：6cm×12cm
石种：红碧玉

我在2015年由中国林业出版社出版『微型盆景创作手册』一书，在『谈及现代盆景重视色彩美』一文中说明在自然界的色彩是丰富动人的，盆景艺术是自然美的再现。自然是在不断变化的，古人说『山有四时色』，『夕阳照山景』盆景就是利用石的色彩来丰富画面，红玉石的石种色彩极为显眼，这是大地呈现于人类的美丽再现。此盆景在构图上虽一般，但是制作者可以改变过来，选用不同的有色山石制作出山水盆景，视觉效果还是不错的。

当今每个读过书的孩子都会背诵：『千山鸟飞绝，万径人踪灭；孤舟蓑笠翁，独钓寒江雪』。这一唐诗从画到盆景都可以见到的，诗人柳宗元用冬天的景致，描写渔夫在雪野里垂钓的情景，这种景式我已做过多盆，表达方法也很简单，做盆景的初学者只要选择带有白色的石头作为山体，配上一只小船及坐在船上垂钓的渔民即可，主要营造出冷逸之美，这盆『寒山独钓』是一块白、红、灰三色的钟乳石，石边有一平台，一老者蹲在平台上观看老人在寒江上垂钓的情景。喜爱盆景艺术的盆友可以利用一些不起眼的白石块用各种表达方法，去进行新的创作，提升自己的兴趣，这是件非常快乐的事。此盆景已被喜爱者收藏了。

规格：10cm×15cm

石种：钟乳石

寒山独钓

桃园仙居（品味四季美景——春）

规格：10cm×20cm

石种：英石

在千变万化的大自然中，一山一水，一江一溪，一草一木都是可以寄情于盆景之中，品味四季美景，各有内在的魅力，盆景『桃园仙居』以『春』为题目，在桃花盛开的江南之春，是最佳的盆景表现，当大地经寒冬走向春天，第一的反映即是『春晖桃花相映红』。其实做盆景并没有深文奥义，只是它在人生世相中看见某一点特别新鲜有趣，而把它描绘出来。

『桃园仙居』就是在山体旁、屋之间，大地返绿，桃花遍地一派春天的景象，在外出差之时，坐在车上经常能把见到乡村景色的一刹间立即捕捉在自己的脑海中，将春天人间好时节在这里展示出来自我欣赏，很快乐。

以下四盆石种均是灰色的英石，不美观，四季山色用丙烯颜料涂上即可。

夏日青山多翠蓝

（品味四季美景——夏）

规格：10cm×20cm

石种：英石

春去夏来，花谢花开。万物总是遵循着大自然的规律，没有任何一个时刻是完全相同的。我们制作山水盆景，以简洁典雅为盆景艺术造型，以石为山，以盆为水。中国盆景艺术应回归艺术本体，即意味着艺术回归大地。『夏日青山多翠蓝』描绘夏季的山脉，覆盖着一片翠绿，高耸的山峦，江河都在流动，推动着船只不断前进。这是制作者对大自然的震撼力深度的描述，犹如进入黄公望的『富春山居图』及范宽的『溪山行旅图』。在英石上，涂深绿色。

十月桂花香

（品味四季美景——秋）

规格：10cm×20cm

石种：英石

在这天地间美丽的秋景，大地变成了金黄色的世界。又到了红叶与秋风时节，美如梦境，尤其在晚霞，一片全红，一阵阵的桂花香，散发出浓浓的香味。这盆秋景取材于乡土，取景于平常的山水。丘山延伸、枫叶变红、岛中小亭、林间小道；丘山延伸、古松对峙、农家茅屋、小桥流水，一派秋色呈现眼前，此景一切都是那么幽静而亲切。秋景造境有一定的艺术特色，重意象精神表现，色彩透灵是制作秋景的重要方法。只需在英石上涂暗红色。

盆中雪景

（品味四季盆景——冬）

规格：10cm×20cm

石种：英石

每到冬天，如果晚上下雪，并且大雪整整下了一夜，到第二天早上天放晴了，太阳出来时，推开门一看，好大的雪啊！那山川、河流、树木、房屋都笼罩上一片白茫茫的厚雪，极目远眺，万里江山变成一个粉妆玉砌的白色世界，这是描写雪的景象。制作雪景就是选用诗的描写，冬天自然山水就这样贴近『人』的生活，你看到此景就一目了然，不需任何解说。雪景就是表现自然，你喜爱盆景艺术，就会将这自然物象融合想象进入意境，将它表现出来，形成与观赏者的对接和共鸣，这就叫盆景文化。在英石上，雪先涂白色，后加石粉。便成雪景。

山间的黄昏

规格：10cm×25cm
石种：原态砚石

太阳落了，朦胧的暮色在山岸边伸展到湖上，水与山的色彩从蔚蓝色变成了铁灰色，暮色笼罩着田野，大地黑糊糊的一片，静悄悄的。当我在观赏此整块山石，目不转睛地凝视着，这一绝妙的景色深深地摄入心底，此块不起眼的山形石，含有浓厚的诗情画意。我们玩弄石头或制作盆景，自己想象力的发挥非常重要，古诗中写的『春江潮水连海平，海上明月共潮生』『月上柳梢头，人约黄昏后』，句句都可在此石上表达。

云在天边 家在水边

规格：5cm×12cm

石种：白风砺石

我们制作微型盆景的职责是探索自然美的表现，故乡的山山水水大家都熟悉的。盆景就是要利用不同的山石，山水盆景制作总结起来，要记住『以大观小』『以近观远』『以体观面』『以时观空』四大观点。山水盆景不一定搞一批石头来堆积，单块的石头同样可以把体积看成面积。这块乳白色山形小石，上面平的，下面有一空洞，安置在一只小盆里，以心代眼，将自己变身为鸟，在空中飞翔，观看居住在山上的农舍，水面上船只在行驶。『云在天边，家在水边』极简朴的一盆，将微型山水生动地表现出来，不管别人能不能接受，只要自己觉得顺眼就可以了。一石能观天下景由此而生。

江边的乡村

石种：风砺石

规格：6cm×12cm

在我陈列室的玻璃柜内，写了一句『无需高价收奇石，拾块山石作天地』。这是我多年来制作盆景所得出的一种结论，我一直在思索盆景艺术贵在『创作』，『创』重意，『作』非造。有感于境，发之成景。『乾坤万里眼，时序百年心』这是诗人杜甫典型的时空意识，给人以充分想象余地。『江边的乡村』这块只有12 cm的一块风砺石，其石高低层次分明，最高处是一个平台，此石真是大自然的『造化』。在这很小的平台上，可以反映乡村一角的景象，展现乡村的事和物，凝神静思，专注投入如进入『乡村』之中。盆景是一种表现艺术，在这块不起眼的石块上同游其间，为之怡情，为之陶醉。

幽静的山村

规格：10cm×50cm（长卷）
石种：斧劈石

我们平时做盆景，总会说这盆意境很好，但何谓意境？意和境是两对范畴的统一，意是情和理的统一，境是形和神的统一。在造境过程中不是凭空臆造，而是通过对自然的形象，从自然形象再进入情境。对家乡的热爱，将大地演变成隽永而秀丽的江南山色，是情伴随始终，以境感人，这就是盆景的最高境界。这盆『幽静的山村』是长卷式微型盆景，其宽只有10cm，长50cm，这块斧劈石是块边角料。它展现大地而有层次的山坡。河道弯曲，真如故乡的山野。在这场面上可以大胆设想，民舍、草亭、小桥流水、船只的流动、河道的走向都可以在这盆中体现出来，放在案头观赏，真能获得一份恬静和快乐。

乡间的冬景

年幼时，早晨从梦中醒来，觉得这天屋里比往常冷。抬头一看，呀！窗户上结满了冰花，起身后推开大门，真没想到大地一片洁白，尤其是所有的树枝、电线杆如盛开了的银花，覆盖在田野上一切的一切，竟成了一幅美丽的图画，这种回忆是不会忘记的。我就设想在盆石上探索『乡间的冬景』，它也是一排长卷式的微型盆景，选用易锯刻的砂积石作背景山体，大地上刻制一批农屋、村落、板桥、舟船，整个景用刻下来的石粉覆盖在景上，造就乡间冬景。我们布置盆景不在于大小，而在于内容的真诚、布景的气魄、构图的技巧、情景的创造，老老实实地做些小情、小趣、小品来丰富自己的爱好，回忆过去了的景象。

规格：10cm×50cm（长卷）

石种：砂积石

泛舟

规格：5cm×8cm
石种：英石

在我的微型盆景里，看见一棵草木就会想到一片森林，拿起一块石头就会想起一座大山。这盆『泛舟』盆景是在奇石嵯岈的山岸间，山石间隙中一股清流直泻而下，一棵老树伸出古拙枝桠，空濛濛的微波中荡漾着一叶扁舟，闲坐在舟中观赏着湖光山色，见到此景，确实可以使人忘却尘嚣喧闹，心胸为之开阔。微型盆景的特点，就是选用几块小石作景，使制作者陶醉于大自然美景之中。

一块山形的小石头，富有抒情之趣，同样可以制出大幅作品的雄阔气势，使人百看不厌、意趣无穷。

湖中之岛

规格：10cm×30cm

石种：仙霞石

我对石头有缘，因为石头有奇特及特有的自然属性，它能使人呼吸到自然的气息，感到自然的生机，自然是生命之源，人们得益于自然的存在。当我玩到这块石时，吃惊地发现石头的灵性、天性，是不可再生的艺术性，它可以激发人们回忆原始的情态。『湖中之岛』此奇石一放进石盆中，就如同一座大地上伸出无穷而永恒的精神力，无私奉献自然而然的生生息息。我只在此石上刻制一些配件，便领略了艺术的最高境界。我们制作山水盆景要寓于主观认识与想象，真是玩石玩景快乐人生。

留恋

规格：5cm×12cm

石种：风砺石

我站在这座石桥上，抬头向家乡方向望去。朦胧中，那重重叠叠的高山挡住了我的视线，这里有一份深厚的感情，这里是我对家乡的深切情怀。这盆盆景抒发的是自己的感受，写的是自己的性格，表现的是自己对艺术的理解。我们制作盆景要在平常经过的地方，回忆与想象中寻找灵感、找素材。此景是由几块小风砺石拼接起来，构图并不复杂，但已将意象变为天象，犹如在现实与虚幻之间。它能让人浮想联翩，让人久久难忘。

渔舟唱晚

规格：5cm×15cm

石种：红玉石

『落霞与孤鹜齐飞，秋水共长天一色。渔舟唱晚，响穷彭蠡之滨』，这是唐代诗人王勃的名句。诗人的语句有生活在、有人文的东西在、有自己的情感在，让人产生共鸣。

做盆景一定要有趣味和情调，这盆『渔舟唱晚』是写江边渔村，云端的落日折射在山间，呈夕红色。满天的落霞和几艘渔船融为一色，这里一片幽静，渔民们劳动了一天，总算能与家人团聚美餐，后来的渔民正兴高采烈地高哼渔歌，渔歌在晚空飘荡，一直传到湖边……

我们常说盆景作品要有诗意，看到盆景的画面，就会想起古代诗人头脑里浮现着诗的意境，捕捉生活中的场景，才是自然的、完美的。

水光山色与人亲

规格：6cm×12cm
石种：风砺石

一道耐人寻味的风景，这里的『风景』，不一定是自然界的风景。当然自然界的风景可以是耐人寻味的，但更多寻味的风景是在社会生活中，一个场景、一个镜头也是一道风景，创作盆景要以小见大，以自己的视角来反映大千世界。一块被丢弃的灰白风砺石，把它倒过来安置盆中，人与物的缘，人与人之间的缘，到头来都是天意，而天意是无法解释的。我将此石用自己的眼睛去观察，用心灵去感知，用头脑去思考，用双手去实践，这是做任何事成功的一种方式。此石有天然的山洞，船舟都可从此洞内进出，石上的人们过着祥和的生活，呈现大山深处又一村的感觉，几叶来往的船只组成了一种和谐生活美的景象。在这景中可以让我们在紧张、快节奏的生活中，找回自己的空闲，把人间的美好带进微小的盆皿中。

别墅的遐想

规格：15cm×30cm

石种：浮石 手工制作

我们现在的环境比过去年代的环境，发生了翻天覆地的变化。那么，我们今天的盆景怎样去做？创意从何而来？时代力作从何而来？为此要有意而为、由心而生，盆景不能是一直仿古，要与时俱进，制作现代人向往的东西。我虽然买不起别墅，但见过了多幢近代高价的房屋。那栋三层楼房是蓝灰色的，阳台建在走廊里，楼梯用大理石砌成，每一层楼梯上都摆着花盆。从阳台看到方形的院子，树木葱茏，一片绿色的草地，覆盖各式各样的花朵，花园边有条小河，几只小鸭子在河中戏耍，整栋别墅反射着彩虹般的光芒。怪不得人们都向往着、梦想着过这样的生活，包括本人在内，就此描述制作了这盆别墅盆景，今后的中国人一定会梦想成真的。

深庭小园

规格：20cm×30cm
石种：风砺石

苏州园林里都有假山和池沼，假山的堆叠，可以说是一项艺术，而不仅是技术，整个园区还种植竹子花木。庭园艺术已有三千年历史，是一种由建筑艺术逐渐变成一门独立的艺术、文化，再提升到美学境界。古代有一批文人如唐代王维、白居易，北宋赵佶，元代倪云林，明代文徵明，清代的石涛、李渔都热衷于造园，这是古代文人雅士的精神追求。中国式的庭院艺术，处处流露出文人的气息与情怀，是中国传统美学精神。古人吟诗写道：『偶得幽闲景，遂忘尘俗心。始知真隐者，不必在山林。』他们归隐深山寄于庭园，庭园作为个人居住的生活场所，现在都成为我们可以经常去游玩的地方。这盆『深庭小园』是写庭景的一角，我在创作现代盆景中的尝试，今后盆景艺术爱好者都可以自己动手制作，我只是作为点景之笔，想必后人将园林盆景中的优秀遗迹展现得会更完美。为盼。

我认为目前中国山水盆景停留在一种模式，将同类的石种砌割成高低、大小、前后重叠，大同小异。我们作山水盆景，首先要接地气，何谓地气？就是农村大地、庄稼、耕牛、鸡鸭、人物……这是真正的天然地气。把我们在孩童时或游玩农家乐过程中的所见所闻，用盆景艺术再现，也是一种山水盆景的表现方法，这盆盆景采用俯视式，将山脉推远，拉近大块面的大地。这里有农舍、人物在赶着牛、一老者在大地上耕耘、草亭里有人在休息、渔农驶着船去捕鱼，一片繁忙的景象展现在眼前，这些素材都可以动手去做。这里所刻制的摆件，虽不是最精细，但这种题材来自对中国田园乡村的热爱，和对劳动在农村生活人民的一种歌颂和爱戴。诗人艾青写道：『为什么我的眼里常含着泪水，因为我对这片土地爱得深沉。』

繁忙的山村

规格：15cm×20cm

石种：砂积石

渔家风情

规格：8cm×12cm

石种：英石

倒影入水，映衬着远山、白云、蓝天，一排排简朴的渔舍，依建在山石旁，宛如一幅别有风味的渔村风景呈现在眼前，一艘艘渔船在村边的微风中荡漾，渔民们忙着各人的事。这盆盆景大家都可以动手去制作，只要你们坐得定，静下心，事会其成。这里的竹榭是利用牙签、扫帚竹和棕丝合成，目前市场上的胶水多样，而且很便宜，制作起来也很方便。这盆『渔家风情』题材是从观画中得来的，搞微型盆景创作是经历一个情境、悟境、造境（意境）的过程，先有所感，后有所悟，再有所造。

艺术就是『梦中的情人』，她能让人浮想联翩，每个作品的景色都是自己的感受，盆景艺术是精神感受变成成品的过程，用心去动动手，爱好盆景的你，一定会成功。

山对面是吾家

规格：10cm×20cm
石种：英石

我的家乡是很美丽的：群山突出在湖中，早晨太阳从它的胸前升起，傍晚又向其身后坠落，阳光透过湖水反照着群山山脉，天亮时湖面上腾起白雾，山群如美人蒙在轻纱里。虽然这是对家乡山水的描写，盆景艺术定位叫『山水』，但也可以称其为『风景』。这盆山水构图的与众不同之处，不单单是山和树木，它是非常开阔的一方『静地』。我是选用群山前大地村落的意象，将盆面留有一定的深度，开阔的水面，渔舟的往来，增添诗情画意的创作思维。『山对面是吾家』主要是山的石头，这块山石是从砚石中打磨出来的，山体极美，单独放置也很美，但我把它作为山体的背景，突出前面乡村美景，这就能做到变幻莫测，绝不会与传统山水雷同。我们玩弄盆景，要不断地去研究探讨，这样使中国盆景艺术做到盆中有景、景中有境的目标方向，使盆景艺术更加向前发展和创新。

上海的里弄

规格：10cm×20cm
石种：青田石刻

上海的里弄石库门是中国近代建筑史和文化史的缩影。二十世纪二十年代，一些外国列强在上海划定势力范围即租界，太平天国和小刀会的起义使大量难民涌入上海租界避难，一些洋人抓住难民租房这一商机，大量营造两至三层木质联排房屋出租给中国人，并以『里』为名称，如陈独秀创办新青年的吉谊里、党的一大会址在兴业里、五卅运动指挥部设在新新里。为此，上海的里弄见证了十九世纪以来，上海人生活情况，孕育了独特的石库门里弄民俗文化。本人就在石库门里弄里长大的，那里留给我最淳朴、最温馨的记忆，上海石库门有单厢房和双厢房两种形式，我在这盆景里都展示出来，两幢之间的走道称为弄堂。我读书放学时，与同学就在弄堂游戏，这里还听到各种小贩的叫卖声。实际上这盆所谓现代盆景也是『环境艺术』，其来自方方面面，盆景最大的特点是可以散发人们的情感，可以多种选择，现代人必将与现代生活相匹配。『上海的里弄』盆景的制作方法有很多，都是对历史遗存的欣赏和留念。

上海花鸟市场

规格：10cm×20cm

石种：模型改制

不知道为什么，年幼时就是喜欢小动物，对花、鸟、鱼、虫特别感兴趣，一有空闲，就向花市跑。在年轻时下班回家，骑自行车经过花鸟市场，务必是要进去看看，随便买盆花、买条鱼回家赏玩。那时上海江阴路花鸟市场全国闻名，外地的、本地的花贩鸟商都集聚在这里，来这里的游客不断，喜爱的人都来选购心爱的动植物，故对这里景象始终记忆犹新。但由于市政改造，市场就此消失。我对这花鸟市场极为留恋，正好市场上有一间石库门的泥塑模型，如见到了旧市场的建筑一样，我就把它改造一下，重新塑造记忆中的繁荣景象，动手制成这盆盆景，置在案头陈列，极有趣味。制作盆景不一定受题材的限制，只要是自己所思所想，时代需要有意境的事与物。你想什么就可以动手做什么，你所做的作品，只要耐人寻味，自己欢喜就可以了，这是我个人的盆景制作理念，同好者可以共同探讨。

风雨归渔

规格：6cm×12cm

石种：风砺石

一位渔民正在柳树下捕鱼，忽然发现天气变了，起了风就赶紧收起渔具。此时，风又紧接着大起来，狂风夹着雨滴向他迎面扑来，他急忙忙地走向竹桥，赶紧返回家里。这是一幅名为『风雨归渔』的画，是展现乡土景色与人间生活困苦交融的一个场景。我认为此景极为生动，我们制作山水盆景就是要悟象化景，一盆大千。于是就动手制作『风雨归渔』这一盆景，将天地变化万千的气象，以诗、画、景合一，造其境。几块碎石、几枝枯叶、竹丝牙签，以微着眼，简洁地组合在一起，制作盆景不要太复杂，盆中之景愈简而气愈壮。景越少而意愈长，只要表现如幻似真的神韵，只要观者见景后，能注精凝神、有所思索就可以了。此立体盆景比画更有看头。

渔村的黄昏

太阳快要下山了，江边的渔船都赶紧回家。在这靠渔为生的天地里，一道炊烟落处，弥漫了饭香和菜香，渔民忙碌了一天也可以返回自己家中，享受着人生之乐，这是描述大千世界中的渔民生活。『渔村的黄昏』盆景就是年轻时在野外写生所领略的渔村自然景象。盆景艺术要对人间生活的动态观察，常记于心头，多反映人们浓郁的生活气息。如这盆中的板桥、民舍、晒网及正在岸边休息的鸬鹰等等，都是使盆景有含蓄的韵味和精神。盆景艺术在构景上，不仅要造型生动活泼，而且能更好地体现大自然的勃勃生机。山水盆景是在最小的空间来呈现更多的述说，在景的美学上去追求盆景的艺术手法，表达现代人的思想情感的作品，引发出诗情画意的心灵境界。

规格：5cm×15cm（小长卷）

石种：砂积石

游赤壁

规格：10cm × 20cm

石种：红彩玉

历代的画家都以『赤壁忆古』『赤壁夜游』之景画了很多作品，我改变传统制成一盆『游赤壁』的意境盆景，来示其意。众人所知，『三国志』，记载着火烧赤壁的故事，汉献帝建安十三年（208）十月孙权与刘备联军曾在赤壁击败曹操军队，奠定了后来三国鼎立的局面。当时吴军统帅周瑜年四十三岁，曹操南下攻吴，因北方军队不习水战，将战船锁在一起，周瑜用计将浸油干柴的船驶向曹船。这时正有东风，大风烧毁曹军船只，曹军大败而逃。赤壁不是红色的山为赤壁，但为了故事中的表达赤壁，选用红色的山石来展示，呈现浪漫主义的虚构，此盆景选用红彩玉的石块，组成整体山景，这是为了传承古典精神、东方的文化精神，加强时代盆景的色彩利用。古代文人对历史的怀念，画赤壁的人大有人在，但为赤壁造景的，我只是在微型盆景上初作尝试，在古典的故事中追寻景色之美，寻求乐趣，这是制作盆景最大的快乐。

山上人家

规格：5cm×6cm
石种：风砺石

任何艺术品是将情感呈现出来，供人欣赏的，是由情感转化为可见或可听的形式。我是把赏画的过程，作为体验和发现的过程，立体盆景的景象和生活的感受在心灵里进行交流。

这盆『山上人家』只有10cm大小的一块风砺石，它的顶上是一块平台，如果单独观赏，只是一块石头而已。受『万物静观皆自得，四时佳兴与人同』这句诗的启发，这块石头面积虽然不大，但都干净利落，可见充满着生机。在平台上搞一个小院，单门独户的住家小品、草屋、羊栏、鸡舍、屋前的石台石凳、花坛上那棵比屋高的槐树，这是与世隔绝的安静。我在这块小石头上做出了一些景色，心里有着别样的快乐。『一拳之石，能蕴千岩之秀』，小石置于几案能坐生情思。为此，微型山水盆景是在最小的空间去呈现许多述说，希望此作品能给赏石爱好者一种启迪。小石上布景比单独观赏更有趣，值得推广。

觅音会友

规格：5cm×5cm
石种：枯木制景

古时候的人，也有爱好的不同。琴、棋、书、画是文人的最爱，古画中有不少是描述知音的题材，每个人有各自的爱好，音乐也能使人如痴如醉，美的琴声会使你哀伤的情绪一扫而光，它也能使狂欢的人顿时啜泣。琴的美妙节奏，在整个人间的回响，把真善美注入人们心中，『仙欲飘飘处处闻』。感于此，制作了这盆『觅音会友』，底座是一块有着弯曲度的树根，一老者坐在亭前的松树下，操琴诉琴自享其乐，一个知音者闻到琴声，匆忙赶去会友的场景。实际上艺术是一种自言自语，在人生喧嚣的风尘之中，需要有一些东西来慰藉自己的心灵，如同我是一个盆景艺术爱好者，同样向往有同好的知音来共同探讨现代创意盆景这一课题，但为数不多，知音者少。

村野小景

规格：10cm×30cm

石种：山红松石　地斧劈石

一个小小的山村，一排排山野酒店。一场秋雨刚刚过去，雨过天晴，灿烂的晚霞映红了晴空，四周的群山笼罩在落日的余晖中，秋山的峰峦犹如一座座锦屏。整个画面，景色秀美、色彩绚丽、清新怡人、充满生机，原本极为普通的村野小景，只有在立体盆景中才能被勾画得如此富有诗意。制作山水盆景的要点贵在『造景』，该盆景有着现实烟火、山居优雅的精神之境。我们不一定要用白色大理石做大地，以这块暗红色的斧劈石为河道，这样使秋山、河边小镇合成为一体，即统一了色彩，勾描出家乡田园风光，增添了盆景艺术的意趣。我们制作盆景要用自己的审美眼光去达到独特的艺术效果，『大美不自美，因人而彰』诗人柳宗元所言极是。

农家小院

规格：10cm×20cm

石种：砂积石

这盆盆景，由九样景物组成：远水、晴空、河岸、桃花、家园、小桥、酒家、柳树、草地，整个画面充满了和谐统一的整体感。盆景的制作不一定在高山流水，现代的山水可以从乡村角度反映农家生活，表现近代农村一角，求得农村生活的缩影。『农家小院』是表现的一个『小视角』，让我们从立体盆景中得以从小视角来阅查大自然、大时代。近代的有关山水画作中，均多表现乡村一角，如『骑在牛背上的牧童』，河道中的『鸭鹅的戏游』都可以引起『童年故事』的共鸣。为此盆景的小视角也很有深远的艺术感染力，进入大众的视野，同样会取得盆景独特的艺术效果。

游苏州虎丘

规格：6cm×12cm
石种：砂积石

自然景观的最高级别无疑是世界自然遗产，伟大的中国有着那么多的名胜古迹，都可以用立体的盆景去表现它、展示它、纪念它、保护它。作为盆景爱好者，要想用各种方法用一定的比例去缩小，将各地区的特色名胜、山脉风光制成盆景，通过盆景艺术表达丰富的内涵和意境，给自己和观赏者一种身临其境的感觉。但在创作过程中要略知景中的历史典故，使景能够更生动、更有趣味。我在制作这盆『游苏州虎丘』盆景前，先要知道『虎丘』的美名，而后可以着手进行。就选用砂积石来做虎丘山、虎丘寺、塔、山下的剑池一一呈现出来，再加上旅游时见到的实景，便有了这盆盆景的画面。我们如果多创作历史上有重要地位的、中国老祖宗留下的宝贵东西，是对人类作出一种贡献，现存的档案中只有照片，用立体盆景留下名胜古迹，只有靠盆景艺术爱好者去实现了。

掌上田园

规格：6cm×12cm

石种：砂积石

制作盆景田园景色，其实是很平常的。也不需特别之处，柳树旁的堤岸、竹林边的小溪，在光照下洒出一片翠绿，农夫与渔夫们忙着耕田捕鱼，任劳任怨、起早摸黑、汗流浃背，正因为有勤劳而伟大的农民的无私奉献，才有我们今天的幸福生活。作为一个盆景爱好者，应该多做一些乡村风情的盆景，多反映中国农民淳朴勤劳、可歌可泣的乡村田园风情题材，通过盆景艺术将自己在农村所见所想，制作出来，作为一份美好的回忆和纪念。

渔村晚景

规格：5cm×12cm

石种：青田石刻

夕阳西斜，温柔地洒落在江边渔村，在这几间瓦屋中，家家户户炊烟袅袅，远处江边渔船三三两两正在归来，有些渔船还未靠岸，靠岸了的渔船一阵忙碌。夜幕便随即降临，小镇桥头的卖鱼人也都归家休息了，这一景色那么宁静，那么安闲。这虽是元曲中『远浦帆归』中的一段经典描述。作为一个盆景艺术爱好者，可以利用树、石、船将有意义的乡土文化，如实地展现出来，将各个地区的家乡风情，真趣、真味、真气的乡土俚俗，不贪大、不贪全。向广大群众宣传热爱祖国、热爱自然、热爱家乡的传统文化能得到永久传承，让盆景真正有『景』的感觉。

西湖美

规格：8cm×25cm

石种：砂积石

杭州西湖世界闻名，西湖的山水至今有逾千年的历史，中国的画家绘出一大批关于西湖的景致图画，但在我国盆景艺术上从未见到过，想到此事，就动手制作了『西湖美』这盆微型盆景。虽然不完美，但总体能展示出西湖的特色美，制作盆景是创作美的过程。美有天然美、人工美、创造美之区别，天然美是天生的，不加人工而自然美妙动人的；人工美是在天然美之外，加以人工之改造或补充而造成的；创造美是完全由人类的力量，在固有的美对象之外，创造出一种新生的美来。我想盆景的艺术就该归属最后一种。『西湖美』盆景显示出时代华美的乐章，盆景艺术是『展方寸之能，而千里在掌』的本领，能从真山真水里发现其独特的感受。盆景艺术爱好者应多思考宣传和保护祖国的名胜古迹，将其自然面貌通过你的多方提炼制成景，供大家观赏。我一定能看到后来居上的盆景艺术家创作出比『西湖美』更多的景色。

音乐是人类灵魂的吟唱，喜欢音乐的人不仅要用耳朵去「接收」音乐，而更要用心灵去「拥抱」音乐，才会产生出心弦的强烈共振。盆景「松下听筝」是描绘一位老人对着江波夜色，拨动他心爱的古筝，弹出了他自己的心声，另有一个音乐爱好者，站在他旁欣赏美妙的筝声，这种场景在古画中经常见到，我获得了一位弹筝老人的微雕就想起了这幅听筝图。盆景艺术不单是山山水水，也要和美术、音乐教育联系在一起。制作盆景懂艺术兴趣非常重要，我们制作盆景思路要广，任何题材均可发挥。在一块不起眼的枯木上作景，也同样为传承和弘扬祖国的音乐文化，继承不是重复，一切在于创造。此类盆景大多数喜爱者都会去做的，不稀罕，但很有趣味。这也是一个在枯木上布景的形式，供启发和参考。

规格：5cm×12cm

石种：枯木

草亭听筝

家门前的池塘

规格：6cm×6cm

石种：英石

盆景艺术创作中，发现与创新最为本质，发现生活美的闪光并以新的形式给以表现。盆景制作不一定是高山流水、深山老林。看看那活泼跳跃的树叶、看看那池塘边的青草、看看自己的那间老屋、看看屋旁的那块挡风的奇石。在有些人眼中，盆景讲气势，只求高、大、全的宏深而忽视了真、善、美的造诣，盆景表现的内涵是多方面的。如文人作画，用简单的笔墨勾画出千姿百态的审美意境，寥寥几笔的春兰秋菊、夏云冬日，体现其审美意趣和风格特色。『家门前的池塘』盆景，只有五六厘米的一只瓷制笔洗小缸，我采用砂积石作大地，刻制二间简屋，屋旁有一棵高大松树，屋后安置一块小英石作为挡风之用，门前的小池塘具有一定生活功能。这盆景极为简单，只要在平常生活中，注意人间的真谛，不要一窝蜂对准别人做烂了的『美景』，『深庭小屋，闲情雅致』都可令人愉悦、令人回忆、意味无穷。

大树下是我家

规格：5cm×30cm

石种：枯木盆景

盆景艺术不一定强求其底盘是汉白玉还是大理石，我在上海宝山区宝山寺建设时，拾到一块被丢弃的红木树皮，反复细看呈黑红色与大地色同，拿回家细看，竟也可以作为景的底盘，就唤起幼提时美好的回忆，制成『大树下是我家』盆景，把情感转移到了大自然之中，刻了几间简陋残屋。父亲牵着牛，我坐在牛背上回家的情景，在视觉的表现形式上，将大自然物象进行高度概括性处理，制作盆景不宜搞得太复杂，在造型的形式上，只要有一种朴素的追求。盆景的画面要有取舍，就是要努力做到『雅俗共赏』，让盆景爱好者看得懂，且看了大家都可以动手做，自己觉得有『味道』就可以了。这就是盆景的『意象』。

旭日东升

规格：25cm×25cm
石种：浮石

我绘制的这幅『旭日东升』挂壁盆景，是表达自己对大美祖国的一片热情，主景是描绘一轮冉冉升起的朝阳，霞光普照大地，青山绿水、苍松翠柏、阁楼群立、云海茫茫，一片朝气蓬勃、欣欣向荣的景象。我们制作盆景主要给人欣赏，挂壁盆景也要改革创新，我就大胆将西方绘画的『光』感引入盆景树石之中，在山石翠绿浓苔中，与旭日朝霞朱红色相映照，使画面充满了喜气。

做景要有意气、有意境、有意象，更要有意趣。这盆『旭日东升』山水盆景在表现上作了很大的改进，它描绘新社会山河的新变化、新面貌，这也是对广大盆景艺术爱好者的一种启示，大家都可以制作尝试，制作出新时代祖国美好河山的山水盆景。正如习主席所说『绿水青山就是金山银山』。

坐看云起时

规格：5cm×12cm
石种：千层石

这一盆『坐看云起时』是从一块扇形大理石形象石的画面上而构起思路，在做惯了高低石块叠堆成的高山流水。但无法表达大自然的深远天空云气，该块扇形石在大自然中，早给我造就了一幅水墨山水画空间。高山云气，远近山脉的虚幻，一派大气，适宜作山水盆景的大背景，就想到唐代王维『行到水穷处，坐看云起时』的诗句。在盆中安置几块千层石，将弹奏音乐的老者放在山石高端，面对着溪水抚琴，其所弹奏的乐曲使自己悄然入梦。我们制作山水盆景，不要受条条框框的限制，要以自己的角度去感觉每一个事物，体会大自然的精神和大美，将传统文化及古典精神融合在一起，以平常的状态去表现，无须复杂化，就如画家画兰那样，淡淡几笔将兰花精神体现出来。盆景艺术同样在自己的第一感觉中捕捉生动的一瞬间，让观者见到你的作品有无尽的遐想，这就是一盆有意境的作品。

登山

规格：12cm×25cm
石种：灵璧石

在一大堆石头里有一块黑色呈山字形吸引了我。它比巴掌略大点，虽素面无滑，但凝神细看，其石凹凸明显，棱角曲折多变，属瘦漏透皱的黑灵璧石，该石稳重、宁静，上小下大、自然，山体山势十分陡峭，石壁上有许多缝隙。正巧我收集到现代各种姿态爬山的人物，安置在山脚、山腰、山顶，有一先行者已到制高点，手挥小旗，欢呼众人快来顶峰。这样一块石头，单看也不吸引眼球，经过这样的布置，将其放在书房文案上，就很有教育意义，勉励大家，包括孩子，英勇攀高峰，走向灿烂的明天。

盆景与赏石可以联系在一起，山水盆景示范不能一味追求全景化的描示。我们在创作上可以通过巧妙的立意，在新时代里，以具有典型意义的题材为切入点，进行个性化表现。从小视觉来审察大自然，取得独特艺术效果，此类景色众人都会做，只要有丰富的想象力就可以了。

大家都见过中国山水画和油画，但你不一定见过这种含有泥土芬芳的盆景画。业内称为挂壁盆景，但我与绘画联系在一起创作了很多这类盆景画，这幅是其中之一。

村旁农田阡陌纵横，山坡花果四季飘香，远山瀑布凌空而下。我将山石、枯树、民舍、船舟与绘画合壁成颇有世外桃源之幽，平面与立体交融在一起，这种表现方法至善至美，可谓『天人合一』。将大自然至高无上的美景，作了百盆有余，真是清气可爱。逼真的画面、巧妙的构图、立体的视觉，具有很深的艺术感染力。

作为盆景艺术爱好者，应将盆景向多样性展开，不要局限在盆上，我们要开辟创新，用各种形式展示，同样是一道动人的山水风景。

这幅只有高20cm宽14cm的微型红木架，原用于挂件摆饰，我利用其圆形画面制成一幅『高山流水』的立体盆景画，正反均有，此拙作自觉满意，以做示范，仅供参考之用。

高山流水

规格：20cm×14cm

石种：浮石

回忆岁月

规格：5cm×12cm

石种：泥石

傍晚，夕阳映红了山村的黄土，炊烟袅袅，多么安宁与闲适。老人站在路口的石阶旁，翘首盼着亲人回归。这是我回忆童年的时光。为此在脑海里，总想制作一些故乡盆景给新时代的人，能引起对家乡的回忆。

这盆『回忆岁月』盆景，也可算石上添景，制作很简单。我过去在写生时，在河边拾到这块泥石，沉在水中呈暗红色，只有5cm×12cm大小。取回家一直放在石堆之中。某天，取石细看，此石的平面大可做文章，将刻制的小茅屋一放，一幅近景小品呈现在眼前，一间不成气候，又添刻了一间，便成了农家小院。屋旁设一菜园，屋前添一石磨、农具，又安插一棵古树，添置一个老者，使画面富有色彩和灵气，还开拓了画题和内涵。做盆景小品一定要有趣味和情调，『空山不见人，但闻人语响』说明有生活在，有人文东西在，有自己的感情在，让人与你产生共鸣。大家不妨试着去做。这也是『无需高价收奇石，拾块山石作天地』之一。

山顶小村

规格：6cm×8cm
石种：风砺石

我和大多在乡间或山间生活过的人一样，对乡间山村的美丽景色，留有深刻的印象。

制作山水盆景，不一定都是以石堆成，这盆『山顶小村』就是跳出框框，我在一块只有10cm大小、有层次的风砺石上做文章。在这小小的平台上编出小村生活的憧憬，这里有曲径小路，有篱笆围着的菜园，有取水的池塘，绿树花丛，蛙鸣鸟啭。我们制作盆景，就是要引导人们进入一种艺术的境界，产生趣味，欣赏一种别样的风景。我一直贯穿着『盆上觅趣』『石上布景』的理念，使我在玩石、添景悟境、造境（意境）的过程，先有所感，后有所悟，再有所造。在退休20年期间寻求快乐，也有人问我，你做了1000余盆有什么用，太辛苦了，我认为，我其实在做自己最合拍、最喜欢的事，每一分钟都在享受，每一盆景观就像自己行走在山川乡间的日记。

来到桃花村

规格：5cm×12cm
石种：风砺石

每到惊蛰以后，桃树的蓓蕾就惊醒了，那些嫣然微笑的花朵，从山上到乡村，千树万枝就像火焰一般怒放，春天的景色真美。盆景艺术也是一种美术的引申，『美离不开景，构图和造型离不开形』我们制作盆景，就是一座移动的画舫。

『来到桃花村』盆景在制作时，主题是桃花，没有桃花失去了春天的艳，如果没有垂柳，则失去了春天的柔；没有农舍失去了春光的魂；没有小船就失去了春天的灵动。将桃、柳、屋、船互相映衬，就形成一盆江南春景图，制作『美景如画』这类盆景，就是将风景与环境转化为情感、意象。如果再添小狗、小鸡、小鸭生活情境，那这盆『来到桃花村』盆景更显有艺术的生命力。

我颇爱石头，一有空就去石市场挑选，原先这些石都很便宜，玩石的人多了，石商越卖越贵，就此少买了。再想我买来石头是做山水盆景用的，做的是景，就在家案头上写上一句：『无需高价收奇石，拾块山石作天地』。此块『山上人家』就是在朋友家玩时，丢在墙角无用的斧劈石，就送了给我。此石不大，只有12cm长，宽6cm，高4cm，如何利用它？见到『拾块山石作天地』这句话，就想石的平台上是天，低处可作地，如何从地走到天？将竹丝牙签补上，扶梯直上平台，便可到家的小园，便刻添几间瓦屋，平台上做几个石凳石桌，就是一盆山上人家，站在此石上的人，好像离天更近了。在平台上举目四望，如见到四边连绵起伏的群山，具有一种神秘幽远的感觉。在布完此景后，自我欣赏，回味着盆景艺术，有着无限的乐趣。制作盆景画面布局需简洁，做到立意高远、韵味雅禅、联想无穷，这种含有意味的物象小景，大家都会去做，这里是给大家启迪和参考。

山上人家

规格：6cm×12cm

石种：斧劈石

常回家看看

规格：12cm×30cm

石种：砂积石

盆景的展示架式的陈列不能一直不变。主要考虑立意，立意就是要把具体形象表达出来，制作微型盆景可以是一种独立独行的展现，只要你自己的情感有清逸高雅之意，转化为一种美的格式，选用任何格式都可以。例如这盆『常回家看看』的制作，背面是一块平板瓷片，将其竖立在瓷盆后边，用强力胶粘牢，板面同样，如作挂壁盆景那样，高山流水美丽风景为后景。盆前为大地乡村，安置多间农屋，衬托田园家乡秀丽风景一一展开，起了双景作用，『壁盆合一』。在村口路上，一家三口匆匆地要进家门。我制作该景的立意，是想让大家对自己的家乡留恋和缅怀。

当今时代，农村年轻人都去了城市谋生，家乡还有留守的父母和孩子，过着清寂的生活，该盆景可以引起你对家乡的思念，常回家看看，不忘自己美丽的故乡。

观瀑图

规格：6cm×6cm

石种：瓷盆砂积石

我在绘画中，非常喜欢画高山瀑布。记得某次写生时，坐在寂静的山谷中，听着水流轰鸣声，山上瀑布像一条银白的长带，高高地悬挂在半空，飞泻下来，令人惊心动魄。都一一地画在纸上。

这盆『观瀑图』盆景，就是在画的回忆中获得的灵感。为此我们做盆景不一定都照老的方法去做，家里的菜盆，买个托架，只要你学过美术，略会画画，将自己所熟悉的奇妙景色，将自己的记忆表达出来，这里我以画为背景，粘上一块砂积石，配上欣赏瀑布的人，添几棵树便成了这景。现代人对山林都有一种特别向往，在此可以忘却尘世的得失和忧患，进入与天地精神相往来的境界。

『飞流直下三千尺，疑是银河落九天』，李白这首诗的含义在盆景中得到沉思。自赏此景，『耳边犹闻瀑布声，身上犹感衣衫湿』，如有身临其境的感觉。

望江亭

规格：6cm×12cm
石种：英石

在画山水时，注重表现山水的气韵，表达山的气势宏大。做盆景均以石造『势』，石的『气』与『势』十分重要，这盆『望江亭』盆景只是一块有气势的普通石头。巧的是我读到李白『独坐敬亭山』一诗写道『众鸟高飞尽，孤云独去闲。相看两不厌，只有敬亭山』。诗句勾引起我在太湖见到的景象，当我登高远望，看到水天相接、白帆点点、白鸥刺水，真是空濛奇幻的佳境，风景如画，人间仙境。

细细观摩此石，石有天然空洞，并直通一个平台，安置石盆中，如登上太湖之山，在平台上添一古亭，人们可以登山望远。

创作盆景，最好用自己生活中一段故事去表达，山不在高，贵有层次，水不在深，妙于曲折，题材贵清新，内容多野趣，富有想象力。

盆景是一种表现艺术，是精神境界的造化，最终目的是和大众共享其成，同游其间，为之怡情，为之陶冶。类如这样的盆景，只要用心，大家都能做出来欣赏。

小小山村

规格：5cm×12cm
石种：红风砺石

该盆景是一个小小村庄，坐落在山弯里，村子不大，只有几户人家，红瓦砖房，种着各种果树，青翠的松柏，茂盛的竹林，如绿色的烟雾笼罩着房屋。一位老人牵着耕牛，从板桥上匆匆赶回家，天色渐晚，夕阳照耀下，山色呈红，此景给人一种生气盎然之感，从乡村角度反映农家生活，是一盆绿色家乡盆景。在当今的盆景领域还不多见，所以我专为家乡盆景制作了上百盆，将家乡的景色用各种构图、乡村情景，通过树石搭配，来寄托思乡之情，安置在玻璃橱中自我欣赏，这里有高高的山、白白的云、蓝蓝的天、绿绿的叶、红红的花，江面上飘游着悠悠的船只，呼唤着田园中习习的清风，制作此类盆景，越做越会为之着迷，为之发呆，为之陶醉，从乡村小视角审查大自然，可回忆起童年的故事，在传统的山水盆景上取得独特的艺术效果。希望更多的盆景爱好者，多创作些这样的小幅山水田园盆景，同样可以进入大众视野，重点是制作过程是件快乐的事。

枯木逢春

规格：15cm×22cm

石种：枯木盆景

这一盆景没有一块石头，也可制成佳景。只要在平时做有心人，任何景都可以做。盆中有三样木头组合成景，底盘是只放茶杯的托盘，另一块儿是刻有松花的红木底座。还有三两块是红木边角料，高低错落并有棱角的山形木头，将几块木头放上去，就是一盆现成的山景。山脚下的空间按上一草亭，植了两棵假树，两位老人在旁交谈古今往事，多有诗情画意，再在托盘上，添上单帆船只，乘风破浪向前行驶着，多么可爱的一盆山村景象。

法国雕塑家罗丹曾说过：『我要用自己的眼睛，在别人司空见惯的东西上发现美』。此盆景也有人认为是工艺品，我不同意这种说法，因为所谓工艺品是可以复制的。这盆盆景是独立的题材，追求一种精神信仰，一种名利无涉，放在案头上观赏此景，会使你感发出自然的灵气，『幽静远思，如睹异境』，任何物料都可以勾勒自然大地之美。

走在桥上看远山

规格：10cm×12cm

石种：砂积石

一场春雨后的大地格外鲜绿，林间小村格外静谧，这里没有雾霾，只有美丽欢欣。一位老者走上桥头的最高处，悠闲地向前眺望，四周乡村背后群山重叠，云气苍茫。此盆小景，可让人回味，使人心旷神怡，这就是我在制作山乡盆景所产生的遐想。众人所知，任何艺术品是将自己的情感，呈现出来供人欣赏的，是由情感转化为可见可思的形式。这盆盆景，一是缩小，二是好看，三是给人得到回味。『深庭小屋，闲情雅寄』『家有山林乐，人同天地春』。制作立体盆景，要简洁扼要，只要说明内容即可，看后很是诱人的，相信你一定也想去做，而且比我做的更精彩。

古人写道：『拾取江山本无尽，拂得云脚又一村，写取心象一隅发，察言观色有青天。』这诗真有道理。

登高观天地

规格：6cm×12cm

石种：碎英石

我非常喜欢小插屏，尤其是插屏的那块天然大理石上的图像，真是『遗宏造微，意幽旨远』，是大自然施给大地的梦幻图。山外山，雨里景，天生之材为我用。其虽有逼真的画面，但缺少一些小视角，我想使美丽图像更完美，更有艺术价值，就在画面上增添一些景的细节，就用一些碎石作为前景，用树、石、桥、亭、人物在此立屏中互映统一，将山石叠加，把石的质感与丘壑之间的美感组合在一起，使插屏更完美，更有意境，更有欣赏价值。古诗中写道：『欲穷千里目，更上一层楼』此类的插屏市场上都能买到，此架只有10cm宽25cm高，是属微型之内，小巧玲珑，富有气派，立在室内或穿插花卉树桩之中，很有观赏价值，这也是一种新型的制景方法，给同行者参考之用。

颂月思乡

规格：5cm×10cm/块

石种：浮石

说起这座颂月的小屏风，是在小区垃圾桶边拾到的。四块很旧的木质屏风，有两块玻璃已碎，纸面上画的是熊猫类动物，但架还是完整的，就是有些脏，每块只有5~10cm，很小巧。说也巧，我正好有几块破碎大理石盆，把它锯成四块做后板，雪白画面制什么景？那时正值八月，中秋将近，书桌上取出一本唐诗翻阅，见到李白的『举头望明月，低头思故乡』；杜甫的『露从今夜白，月是故乡明』；苏轼的『明月几时有，把酒问青天』；张九龄的『海上生明月，天涯共此时』……几位古诗人在月光下，在异乡对家乡的怀念，对家乡亲人的思念，也饱含美好的祝愿。决定主题后，就动手制成了这四幅『颂月思乡』立体盆景，从此开始，以唐诗为题材制作盆景，一连制作了唐诗一百首，盆景一百盆之多，虽不是最完美，也属一种对盆景艺术的开拓和创新。我正想将唐诗三百首制成立体盆景，但已是耄耋之年，无此精力，但相信一定会有后人能将唐诗三百首盆景制作出来。此架能双面欣赏，背后是春、夏、秋、冬四季盆景。

春困

规格：6cm×12cm

石种：大化石

说到春天，第一感觉就是春暖花开、春光明媚。在学生时期，对春天最惦念的是春游，但在春天最怕的就是『春困』。

记得小时候，早上上学，睡在暖暖被窝里不肯起来，总是被母亲从被头里拖了出来。一到春天，人的精神困倦，时常在课堂上打瞌睡，老师讲课也受影响。现在知道了，这是人缺氧的表现，是人体机能随着气候变化，出现的一种正常的生理变化，春困是人体的本能反应。某一天，我逛陶瓷茶具店见到这个古时小孩抱着头在春困，人物刻画得极有趣，抱头睡得多么甜美，做着自己的美梦。我买了下来放置在只有10cm大的石上，在高大的树阴下，促成了一盆非常有趣的春困之景，现在此『小孩』已买不到了。

『春困』的发现，说明盆景不受条条框框限制，只要把景象和生活的感受在心灵里交流，什么景象都可以表现。此盆小景安置在书桌上观赏，心中有着别样的快乐，制作盆景不要苦苦追求统一的格式，这盆『春困』只是作为大家探讨的一个内容而已。

我们制作盆景，不一定停留在山水，任何题材均可以动手做。春景、冬景、秋景，『赏荷图』属夏景。制作盆景要有抒情的情调，也要有一种现代意境的表现，这盆『赏荷图』就是以写意抒情为主题，在传承中国盆景艺术走向民族化、大众化。

我在一块多孔的山石边端引伸出一条长廊，赏荷人纷纷走向荷塘的观荷亭，欣赏夏季荷花的美景。采用特写表现手法，引导景色的意味。使观者仿佛已走到荷塘的湖畔，眼前一片深绿的荷叶，一枝枝亭亭玉立的荷花，如含笑伫立的仙女。娇羞欲语、嫩蕊待放的花朵，清香阵阵，好一幅迷人的景色。景中的色彩显出抒情的哲理，深入意想之中。

制作现代盆景，只是自我的一种精神生活，主题可直接对自然印象的传递，使盆景既有写意文化意味，显示自然情调，『心系自然，钟情造化』，大家都可以尝试去做。

规格：10cm×25cm

石种：昆石

赏荷图

巧遇同乡

在一次电视节目上，看到马英九与习近平相见时，习主席讲：『老乡见老乡，两眼泪汪汪』。充分说明两岸同胞亲如乡邻。听后颇有感触，想此作景。此盆表达同乡情的盆景就此产生。在春风秋月里，两位同祖籍的老者，在风景如画的河畔，相见在山边草亭前，交谈着家乡往事，他俩将要离开或刚回家互相依依不舍的情景。对于故乡，任何人都有一种特殊的情感，惦念着。该盆造景很简单，将一些碎石添一只草亭，一船停泊靠岸，显示江南水乡诗情韵味。以平远兼鸟瞰的视角，制作出『巧遇同乡』之景。

此盆景赋予了人文意义，使其产生『景外意』『意中趣』立体视觉空间景象，达到喜闻乐见、雅俗共赏的效果。

规格：6cm×15cm

石种：风砺石

桂林象鼻山

规格：6cm×12cm

石种：砂积石

桂林山水甲天下，这是世界闻名的中国山水美景，尤其漓江群峰之一的象鼻山，正如一只大象在江边饮水，实为壮观。我在退休后又一次去漓江，见其景色真让人心醉，如此美景值得再游。回家后，一连制作了多盆桂林美景，尤其是象鼻山用几种构图做了三盆，这盆是其中之一。

中国名胜古迹以盆景艺术的方式，都可以在小小盆皿中进行表现，中国盆景艺术不单是自然之美，而蕴涵着文化之美，将自然、真实、亲切地表达祖国大地的奇妙，盆景可以展现中华大地自然风光的缩影。我也制作了中国名胜近20余盆，但还是不够，更希望盆景爱好者多创作此类题材作品，同时还可以为旅游胜地开发此类旅游纪念品，可给游人带回去长期欣赏。

溪山静远

规格：10cm×12cm×3cm

石种：大连石配景

山层层叠叠，高耸而清癯、淡雅，山间细烟如雾，山脚下的民舍隐约于高山秀丽的溪流旁，这里的风景是含蓄的，是浸润到心灵深处。这是对此景的描写。

制作『溪山静远』此景，实际上极为简单，某天在市场上见到一块较厚的大理石，高10cm宽12cm厚3cm，左右前后都有黑与灰色的天然高山图纹，意境深远，如一幅天然泼墨山水画。买回家仔细观摩，石的气势、神韵，承载着丰富的文化内涵，但其缺点是底部空白，没有层次，我就设想空白处添加前景，与乡土气息对接，造求了此景。

制作观赏山水之景，不要只用一种形式去表现，只要有天地雄深之气，任何物件都可抒写山水天成之美，制景随想，都可去表现一种意境高远的天地，此石放置居室台桌，作为长期观赏，主体的视觉具有很深远的艺术感染力，同好者不妨借鉴和运用。

雄浑苍茫的大漠孤烟，茂密繁盛的热带雨林，高耸巍峨的寺塔教堂，大漠上圆顶的蒙古包，这是绚丽多姿的异域风情……这些各地美景都可以收于盆景之中。在习近平主席『一带一路』『丝绸之路』的战略构想下，盆景题材更可开拓以上『二路』的精神，追叙古时中国的峥嵘岁月，传扬有中国元素的理想题材。

『大漠驼影』盆景是选用松软海母石作为沙漠山景，白色的海母石可以随心雕琢，石的表面是粗糙的粒状，可先用丙烯颜料涂上，深处略加上土红色，在石上用胶水撒上沙粒，就成此景。再将古人牵赶着驼群走向异国他乡交流物资和文化，与世界沟通商贸。

微型盆景的特点，是在最小的空间呈现许多述说，『怀旧可以悟新，叙旧可以促今』，习主席所提出的观点，也说明这一点。

大漠驼影

规格：6cm × 12cm

石种：海母石

松鹤双寿图

规格：8cm×10cm

石种：英石枯木

这幅『松鹤双寿』假树桩盆景，已有20年的历史，在刚退休那年，加入盆景协会后，很多同好都在玩弄微型树桩盆景。在市场上买棵小树，种入小盆里，用铝丝蟠扎造型，让其生长赏玩。主要是当时上海居住条件差，没有养植环境，只能在家的窗口搭一块木板，种几盆小的盆景玩玩。如在管理上一疏忽，或暑期外出忘了浇水，小盆树桩易脱水，叶片收缩，随后落叶夭折。一盆小树桩要经过多年养护，才能成为美丽曲折的枝干，比养婴儿还难。

这盆死掉的微型盆景，只有4cm×6cm大小，栽了好几年，但还是走了。留下的这枝干真不舍得丢掉，就是没有绿色的叶。我就用旧海绵染上深绿色剪成片状，用胶水粘贴在树干上，在视觉上像活的一样，买了两只小仙鹤，就成就了『松鹤双寿』的古意盆景，清爽逸致，过了20年的今天仍可观赏，免受天天浇水施肥之苦，象征着万古长青。有人认为这是假的，你说你到公园去玩，那山也是假山，也可以去游玩，一样的道理。从这盆景开始，家里很多走掉的小盆景树桩，都可以利用起来，制作出许多类似的树桩美景。旁边配一组山水，既传统又新颖，同样可取得独特的艺术效果。变废为宝，此方法推荐于朋友。

枯木逢春

上一个作品『松鹤双寿』枯树景观只是其中之一。这两盆『牧牛图』『觅知音』均是初期玩树桩盆景后，由于管理不妥变成了枯干废物，这种现象不只是个人，哪怕盆景大师也会遇到。原来长有很好的树态，成了废物，很可惜，后经思考，再加以利用改造，也能成为可赏之物。制作方法是将原失去光泽的枯枝，先用丙烯涂土红色涂上，明暗处略加些黑色，使枯枝有生气，再用塑制的松叶和柏叶（市场上均有售）将叶用胶水粘贴在枯枝上，还原了原有活泼跳跃的叶片，恢复了原样。

我经常说盆景艺术关键在景，景从何来？斜干式树下空间大，我放置放牛娃与小牛在树下吃草，就题为『牧牛图』。另一盆是大树空间小，就安放一老者弹琴，题为『觅知音』。使两盆小景富有意趣，意与景进行互补，令人愉悦，令人回味。在盆景艺术创作中，可以『穷物赋形』『传神写照』，变废为宝，永久欣赏，何乐不为，这种方法，你如认可，不妨试作一二。

觅知音
规格：8cm × 25cm

牧牛图
规格：10cm × 20cm

黄河入海流

规格：10cm×20cm
石种：英石

这盆唐诗盆景是根据唐代诗人王之涣的『登鹤雀楼』所作。诗人站在高处，眺望千里之外的景色，写了『白日依山尽，黄河入海流，欲穷千里目，更上一层楼』。诗的雄伟气势，壮阔景象，表达他向上进取的雄心壮志，激励大家向前看，去努力奋斗，极有教育意义。

由于喜欢这优美的诗句，就想以盆景的形式来展现，正巧收集一块浅黄色的大理石，石板上的图案很淡雅地刻画大江东流的雄伟气势，这是一幅天然引成从高处飞驰入下的黄河之水景色，也印证了『黄河之水天上来』的诗句。我就在石边上粘了一块英石，作为山顶，再添上一老者在观前景，在急流处刻上两只风帆沿江而下，按在一只旧的红木架中，一幅很符合题意的唐诗盆景出现了。这里只介绍一种制作方法而已，更希望盆景爱好者都可以去做。法国雕塑家罗丹说：『世界上不缺少美，而是缺少发现美的眼睛。』此话很有哲理。

家乡的冬天

规格：6cm×12cm

石种：砂积石

所谓盆景，大家都认为是绿色的树木，但要表达冬天的雪景盆景，也是一件很难的事，尤其在传统山水盆景中更难以表达，但在我所制作的田园山水盆景题材中是可取的。这盆『家乡的冬天』是写寒冷的冬季，如果下过一场大雪，整个大地与林间都披上了白色的云霭。天地茫茫，银光耀眼，整个乡间树木草屋都积满了白雪。这盆雪景图是回忆童年时，一天早上，走出家门奔向桥头，高处远望家乡的雪景，别有一番风情，极为壮丽。盆景的雪景制作，实也简单，构图以桥为中心，两边设两个村落，用桥自然分割，两村刻几间民居，都在自己的想象中进行布局，配上假树，把刻屋锯下来的石粉，收集利用，用胶水先将大地与屋顶涂满，撒上石粉，雪景就此完成。盆景艺术是用手和心制作出来的，你有这种心态，支配自己时间，制作些景点是件非常快乐的事，还能留给你美好的回忆，如果你真的喜欢盆景艺术，你一定会静下心来做的。

太行山景

规格：6cm×12cm
石种：海母石

这是一盆记忆我在年轻时，在太行山写生的作品。太行山气势雄伟，风景秀丽，又是革命圣地。太行山区是在朱德、彭德怀、刘伯承、邓小平等领导下，与广大军民并肩作战，成为铜墙铁壁之山，坚不可摧。这里是一座美丽的山区，在构思中显要特点是一座革命纪念塔和通往山区的一条公路桥。此山是选用海母石进行雕琢，主要突出山体的雄壮，海母石原是灰白色，我先用丙烯涂上浅绿色，干后整山涂上胶水，然后将塑粉（深绿）洒上，使山脉依山势高低，向远处伸展开去，山脚前景是一片广阔的农家小村，一派欣欣向荣的景象。

制作山水盆景，不仅是完全自悟，在让人娱乐的同时能发挥教育作用。『心外天物，境由心造』，使盆景的形式与内容能相映成趣，这就是现代盆景艺术的产生。许多革命红色景点题材有待于朋友们去开发制作出来。

富春山居朝晖图

富春江很美，富春山还在，这么美的富春山，如何用盆景艺术来展现？只有将其山体微缩，『莫道盆盛天地小，千山万水在其中』。按照中国传统山水画序列，整体构景中呈现了近山、远山萦回呼应法则和『三远』视角，使人漫步深处回望。『横看成岭侧成峰，远近高低各不同』的意境。

『奇山异水，天下独绝』的富春山水蕴含了制作的心灵，元代画家黄公望隐居在杭州富阳区，绘制了史无前例的『富春山居图』，成为我国无价之宝，作为山水盆景艺术爱好者的我，就产生了制作这景的意向。我选用了一批小浮石来布局造景，寄寓着富春山水的景式，用10cm×80cm的长盆进行微缩临仿，即制成此景，与广大盆艺爱好者见面，表达对『富春山居图』的追摹，满足自己的精神诉求，这盆微缩的富春山景，也可作为将名画制成山水盆景的一种探索和开拓。

石种：浮石

规格：10cm×80cm（长卷）

元代黄公望《富春山居图》（局部）

兰亭修禊

规格：10cm×15cm

石种：英石

这盆盆景是从明代画家文徵明的一幅名画受到启发。文徵明，江苏吴县人，学画于沈周，擅画山水，遇古人妙迹，重观览其意，其大多画江南湖山庭园和文人生活。『兰亭修禊』这画卷就是写书圣王羲之在浙江兰亭举办一次文人集会，共有四十一人参与，山泉曲水而流淌，文人临水而坐，咏诗畅叙，酒杯流到谁处谁需作诗文一首，王羲之就在集会上写下了名闻书界的『兰亭集序』，此序书法为后人留下了稀见之宝，我见到此画便想可以制成立体盆景，此景的意趣和实景均可反观历史，思考人生。就此以英石为背景，古人席地而坐、待杯、作诗、畅饮的情景，用立体形式展现出来，将画制成立体盆景，也作为对书圣王羲之的怀念之情，同时将中国平面画制成立体之景是一种尝试，用盆景艺术传播历史文化，也是一种新的形式。时代也需要有意境、有传承的盆景艺术产生，以使后人不会忘却。

家乡老屋

规格：6cm×30cm

在尘嚣的环境下住久了，总希望返璞归真，重返自然的怀抱，使压抑的性情得以释放。『家乡老屋』这景就是以这种心情制作出来的。构想是从一块旧的红木薄片受到启发，放在桌上的红木边角料废片，其色泽很像老屋里的泥地，很平整，锯齿曲折多变，上面是平台，在平台上放上已刻制好的几间瓦屋，这不就是童年时的老家吗？想起外婆进出老屋的身影，回忆起在屋前后有几棵大树，在夕阳余晖下树叶色彩丰富，屋前是沿河浅滩，瘦瘦的河流生活着鲜活的鱼虾……在制作时，思路完全融入了老屋，在这块木板上任我安置，石桥、耕牛、渔夫、人群交谈等景，真所谓『绿色家乡情，难忘故乡水』的意境。

制作盆景主要是传播情感，任何材料都可拿来利用，无须条条框框，将所见所闻展示出来，制天地之大美，是件极为快乐的事。

对牛弹琴

规格：5cm×10cm
石种：英石

唐代诗人刘长卿的一首诗写道：『泠泠七弦上，静听松风寒。古调虽自爱，今人多不弹。』诗人喜欢古乐，他在七弦琴上能弹奏出清幽的乐曲，静静地听着就像寒风吹在松林间的凄冷之音，他非常喜爱古老的曲调，可惜知音太少了。

『对牛弹琴』盆景就是以诗人的心情创作的。有句俗语，『对牛弹琴，牛不入耳』也有意思心不在焉，现代人的心只是电脑、手机与金钱。对传统古文化缺少理解与关心，就像盆景艺术一样，只有少数人喜欢，知音的人不多，音乐和盆景就是一种娱乐，一种乐趣，一种消遣方式，打麻将，玩游戏也是一种休闲，但音乐、美术、下棋、书法、文学之类，是另一种休闲方法。哪一种完美只能凭自己的兴趣爱好而选择，无可干涉。但本人认为前一种休闲是有益于身心健康，而且让自己心灵得到净化，精神得到陶冶，身心得到滋养。我制作这一盆景含意就在于此。

坐井观天

规格：6cm×12cm
石种：英石

中国的山水盆景，不能老是用传统程式去造作，一成不变，这实在是传统的悲哀。现代盆景创作，贴近自然是一种基本观念，先要有真，才会动人，你所表现的画面是自然一角，好像在哪见过、听到过，也好像有这种现象，这种自然之象容易被大多数人接受。此盆『坐井观天』盆景是写一老者坐在井边，抬头望着天空，在思索什么？带着哲理的想象，是抽象盆景。天间不断在运转，人的思维都在变幻，天、地、人、道是老子认为宇宙最伟大的四种存在。天有明朗的天和阴沉的天，这是天体运动，大天体高温发白，小天体在缝隙里川流不息，将你带入美丽的光带，也可能成为你在这个时代获得收获的光辉想象。盆景『坐井观天』可以抒发你对未来的憧憬，无论年青与老者都有自己理想的构思，去投入惊人的发现。此景具有很多的哲理，在盆景艺术上不能永久不变。

四季挂壁山水

规格：6cm×12cm/盆
石种：砂积石

我们现在生活在伟大的转型时代，怎样用中国盆景艺术来展现时代精神？如何借鉴西方艺术与中国传统文化文脉相连？

于是尝试将西画与中国盆景相融合，再配上立体的山石、树木、花草、亭、桥、塔、人物等元素，进行组合，这样就可以创造新时期的一种绘画图式，在绘画中产生一个很大的突破，这种具有立体感的画可以挂在墙上或立在台案进行欣赏。四季盆景春、夏、秋、冬的产生是很简朴和平常的，山水画内容都可制成，使画面产生西画的色彩，三维立体感突出，山水的清音，神游在仙境，有意象又有意趣，是一种在新时代转型文化的开拓，非常清澈，没有重复，这作为艺术盆景尝试，分享给爱好者参考之用。

韶山

规格：8cm×12cm

石种：砂积石+青田石刻

众人所知，湖南韶山是中国伟人毛泽东的故乡，是中国革命纪念地之一，它已成为中国人民心中难忘的圣地之一。某一年全国各报都登载着一个拍卖书画的消息。名画家李可染一幅『韶山』的画，被卖出1.24亿元人民币新纪录，当时我将该画从报上剪下，作为剪报收藏起来，在赏画时想起，不妨将此画制出一盆以毛泽东故居题材的立体盆景，既可纪念，又能独自赏玩，就用青田石进行刻制，就制成了这盆『韶山』盆景。

铭记历史，开创未来，回忆党的历史过程的题材，通过盆景艺术去展现它、宣传它、捍卫它。盆景欣赏必须要有其意思，最好能发挥教育功能，我今后还要多做一些红色情怀盆景，深表对党与祖国热爱之情。此景只能给大家一种参考。

高山远瞩

规格：10cm×25cm

石种：风砺石

微型山水盆景之所以会受到众多人青睐，原因之一是因为它体积小，大家都可以动手去做。现在有很多人喜爱石头。石头也有两种，一种是形象石，另一种是观景石，我就是喜爱后一种，在石头中欣赏大自然的风貌，只要有憧憬、有主见都可以表达于小小盆皿之中。关键是，盆中之景的比例协调。将山石变成景是我的喜好。这盆『高山远瞩』构图极为简单，如何来表现它，就必须对大自然环境交待准确，中国画有写意和工笔两种技法，此盆景属大写意手法，将一块极普通的石块，放在任何盆中，就产生了臆想中的画面，此景视野很开阔，气势雄伟，我用塔、亭、船只、人物互补，即成此景，见后胸襟开阔很多。此景用大写意方法制作，只要做到大而不空，表达题意即可，石头中有着许多新的意境，今人都可以去发现和表现，古人论山水曾说『远观其势，进取其质』是很有道理的。

鲜花是人人喜爱的，但花期很短，花比青春，年华易逝。花草实际上都是有生命的轮回。凡一个喜爱艺术的人群，都寄情于花草之中，这是人对大自然的一种亲和。一朵小花，一棵小草是单调的，如果连成一片，就有着遮天连地的气势。当你在自己房屋中放一盆花草，感到温暖而舒服，有生命存在的感觉。但花总要凋谢的，花开花落是常事。但我这组花境，可永久保持鲜艳。我平时喜欢进花卉市场，见到市场上的干花与鲜花同样惟妙惟肖，真假难分，据说好多是国外引进的，而且很流行。陈置居室中，美化空间不受污染。但室外均是真花。由此启发，设想用假插花陈置居室中，因单制几盆不起眼，不妨在博古架进行微型插花组合，也是一种赏花方式，在市场上选购一些各式小瓶进行试插，效果极好，色彩丰富的花朵，缤纷多彩的小瓶，极有观赏价值，可成为生活空间里的装饰。我一直认为盆景艺术是具有一种极好而高规格文化品位装饰功能，真树真花不能久放在室内，我这组『微型花境』只要保持清洁，可以永久观赏，而且可以经常调换色彩，你如是一个爱花者，一定也会动手去做。

微型花境

规格：20cm×30cm

西出阳关无故人

规格：10cm×30cm
石种：风砺石

见了这块不起眼的山石，从低向高引伸后，再向低直到山脚边，如放在地上不会当它是一块有用之石。当我把它放在一块红木平板上，高处放一古亭，一位老者在山脚边远望，前方有一艘双帆船，目送亲友家人的情景。见此景悠然想起一首古诗：『渭城朝雨浥轻尘，客舍青青柳色新，劝君更尽一杯酒，西出阳关无故人』。此情此景暗示着他们进城后，面临着更多困难。我就用诗中最后一句『西出阳关无故人』来点明主题，句画出一幅当代农民走向生活的另一个层面，背井离乡，去寻找新生活，小小的一块石把我引入了沉思和遐想之中，这块没有『卖相』的石头，经加工后充满着柔情、关爱、忧伤和离别。为此，任何一块小石头，你去仔细观察都可成为真、善、美。也可以给你带来了一些视觉上的享受和乐趣，就看你是否会发现它、欣赏它。

一目尽揽山中趣

规格：架长30cm×50cm
石种：各类碎石

“尽精微，致广大”，这是古书《中庸》里讲的，这六个字对我们制作微型盆景创作非常贴切，“精微”是指盆景中画面细节，对微小的盆景观赏距离只是一臂之距，在这样小的近距离中，景的表现不能含糊、虚假不得。“广大”是指盆中的内容要充实，要使人看得懂画面的含义，一块不起眼的小石，虽不复杂、意景简洁，但不枯燥。这组博古架中只有寥寥几块，但可以做到“大珠小珠落玉盘”之精美，小石欣赏更利于风格，语言和材料的力量，大型山水盆景也不代表作品的研究与艺术再创造，组架中山形石既具象又抽象，可给观者带来三维空间的立体视觉，赏心悦目，巧妙灵动，同样是艺术享受。山石的趣味就在此架中。

板桥竹缘

规格：30cm×40cm

石种：碎石小品

当今，微型盆景在博古架上陈设是一种常态，树桩与山水都可以是观赏中的一种形式，看多了，就有一种疲劳感，我们如何将这传统艺术赋予新意，具有特色，就要在山石与树草的材质上探索和利用。但不能墨守成规维持原状，我们要坚守以中国文化传统为核心，多去制作人间喜爱的、有文化内涵的盆景作品，我想到了在古猗园展出我的作品时，没有以竹为题材的盆景，人们都喜欢竹，尤其是郑板桥的竹画，人见人爱。板桥爱画竹的傲然屹立、挺拔、刚健、秀丽的姿态，及他的爱竹爱民，均令人有敬慕之感。『板桥竹缘』之景就是以竹为题材而制作的，我参考了板桥的竹石图，以石、竹组合成景，颇有新意。我们观赏盆景，不在于大小，而在于内容真诚，情景的创造，那种求大、求奇、求难种植的攀比，是得不偿失的，还是老老实实做些小情、小趣、小品来丰富自己的爱好，来装饰家庭，环境布置实用一些为好，这是属本人的观点，不强求他人所爱，仅作参考。此组小品已被喜爱者收藏了。

我爱北京天安门

规格：10cm×20cm

石种：青田石刻

创作盆景，要始终执着守望在祖国、在故乡、在家园、在自己的心底的真切情感，盆景艺术若没有思想情感那就是花匠。『天安门』盆景既可算为盆景，也可成为摆饰品。我制作目的是借景抒怀，因为她代表伟大祖国，是每个中国人都向往的去处。我在二十世纪六十年代第一次在天安门拍照留念，照片只有邮票那么大，更没有色彩，最近又去了一次天安门，竟焕然一新，光亮耀眼的琉璃瓦，吊着金黄的大红宫灯，朱红的宫墙，汉白玉的金水桥，秀丽挺拔的华表，夺目光彩、雄伟壮观。于是就设想刻制一盆天安门盆景玩玩，就此按比例缩小，用青田石刻制，再用丙烯颜料着色。整整花了两个月时间，一座气象万千的『天安门』，可以永远摆放在室内瞩望。与其他绿色盆景放在一起，极为夺目，这就成为现代盆景。盆景艺术要吐故而纳新，创作新时代潮流表现的丰富性，用新图式立体方法去呼应，表达对祖国的深爱，同好者都可制作尝试，把祖国名胜古迹带回家，多么可爱。最可爱的是在天安门前留影的人群。

这盆盆景也表达我对祖国热爱之情。

中国山水盆景艺术是中国传统文化的载体之一，盆景制作必须钟情于自然山水中天成气象，盆景艺术题材宽广，取材甚多，这盆『游土楼』盆景，是根据福建民居的建筑特色而构思的，它是祖国民间民俗文化遗产。土楼建筑有圆形和方形，原来一座土楼是一个家族，是居住在这里人们以防外来入侵的高墙，其独特的风格、壮丽的形体，集中体现了当地人团结和谐的一座古城堡，土楼是带着历史的记忆，也是生命岁月的印记。我们制作山水盆景是应该怀着对山川故土的挚爱之情，去寻觅鲜明而有地域文化特色的建筑遗产。这盆『游土楼』山水盆景，作为一个新时代山水的『转型』，使盆景艺术更贴近自然，贴近人文。我不怕别人指责我所制作的现代盆景，是尽情表达自己的内心图景，去攀登精神高地，这是本人的观点，并不强加于人。

规格：10cm×20cm

石种：青田石刻

游土楼

回家

规格：10cm×15cm

石种：斧劈石

当今，有一定年纪的人，都在寻觅着童年时代的农家老宅，但是大部分家乡老宅都早已改变了模样，只能在静思时回忆追寻童年飘去的岁月和往事。那坐北朝南的破旧老宅，宅后是一片竹林和树，屋旁河边种上平时爱吃的菜，要吃鱼虾到家门口河里捉来即可。你如感兴趣，都可以自己去制作一盆忆想中的家乡。

这盆『回家』就是忆想出来的，一块平面的普通石头作为大地，一根上尖下大的枯木，把底锯平为山峰。几间草屋在市场上都能买到，只要你懂得比例，在枯干的树干上涂上色，将几片塑料干花和花瓣粘在树枝上，在家门口添上三口之家塑质小人物，就制成此『回家』之景。我将这盆人人都会做的简景，教于喜爱者动手去做，极有乐趣。我认为我们生活在这美好时代，除了有情趣和乐趣，还有童趣和谐趣。你老是在麻将台上或长时间坐在沙发观看电视和手机，不如动手做做自己喜欢的东西。『以石观化，寓哲于景，宏观探道，微观探真』。赏玩盆景，对您的健康和养生是极有益处的。

回乡记遇

规格：5cm×10cm
石种：英石

我制作的一百盆唐诗盆景中，『回乡偶书』是我最喜欢的一盆。诗人贺知章，年轻时离开了家乡，在外几十年，等回乡时家乡的语音从未变化，只是两鬓头发变白，孩子们都认不得他，问他从何处而来，你是哪一家。诗人只用了二十八个字：即『少小离家老大回，乡音无改鬓毛衰，儿童相见不相识，笑问客从何处来。』他借此诗句描述着人生哀乐、人生的短暂、人间的变化。在此告诫人们要珍惜时光，同时提醒在外的人常回家看看，如不关心家乡，你也会遇到此情。中国古唐诗的含义，都是给人教益和思索，制作唐诗盆景，可以将诗中抽象意境向视觉实象进行转换，古诗作为立体盆景来展示，容易被人接受。劳动报记者发表一篇关于我制作唐诗盆景的一篇文章，标题是『盆景让唐诗活起来』，很有道理。

林冲风雪山神庙

规格：8cm

石种：枯木青田石

戏剧是由演员扮演角色，运用多种艺术手段，在舞台上当众表演情节的一种综合艺术。我从小喜欢看戏，跟着长辈到上海大世界，有京剧、越剧、话剧、淮剧、杂技等，戏剧的生动真切，惟妙惟肖的场面，在脑海里留下了深刻的印象。每在制作立体盆景时，总想能否把舞台上的人物思想情感在盆景艺术上进一步发挥，此后我制作了二十多盆戏剧盆景，今后还想做。

此盆京剧『林冲风雪山神庙』是『水浒传』中精彩的一段。林冲受屈发配北方，又遭到迫害的情景，正巧有一盆枯亡的树景，我刻制了一组山神庙，林冲踏着厚厚的雪，身背着长剑走向破庙的场面，显示林冲不怕艰难、承担着苦哀的心里，引起对当时贪官高俅的愤恨。

该作品是我制作的第一盆戏剧盆景，戏剧有巨大的艺术感染力，容易为群众所接受，戏剧盆景也是一种方向，值得提倡，此盆景作为一种示范，仅供同好者参考。

张生跳墙

规格：6cm×12cm
石种：英石

戏剧是东方文化的重要组成部分，它是表达东方人审美意趣和精神诉求的一种方式。『西厢记』是叙述古代爱情故事，张生跳墙是故事中的一段情节，盆景主要展示出当时的环境、人物性格、形态，有着高度个性化。戏剧要抓住重点，其主要环节就是张生急于相会情人的大胆举措，动作性很强，红娘莺莺、张生人物只好请会做紫砂壶的好友，根据我的设想要求烧制出来，并参照古代园林环境制成此景。上海娱乐电视频道也播出『张生跳墙』盆景，从此我增加了信心，戏剧盆景可以开创广阔的天地，也是一种盆景艺术与表演艺术融合，成为可以抒情、可以叙事的艺术形象，也是开拓性又有教育意义的好题材，也可以说是一种艺术分享另一门的艺术，是属『喜之景』。

十八相送（越剧）

石种：砂积石

规格：6cm×25cm

戏曲是我国传统的戏剧形式。戏曲既有戏剧的共同特征，又有其自身特点，可以自由地处理舞台的空间和时间，它在舞台上地点和时间，可随着演员表演而变动。在制作盆景时，也要包含时间与地点。我在这盆越剧『十八相送』中，梁山伯送祝英台从书房到长亭，走了十八里，一路上穿村庄、过小桥、傍井台、进庙堂等眨眼之间的场景数变。但盆景不能每一情景进行展现，就在小小的盆皿中，求远取近来处理，我在景中远取近景如庙堂，长亭为远景。井台、小桥为近景，注重梁山伯忠厚朴实神态的表达，在环境与角色之间的思想感情用立体盆景去展现戏曲还是可取的。『戏在盆中，见戏忆故』是创作戏剧盆景的特色之一。用戏曲借古喻今获得教育，可以在盆景艺术上得到充分的发挥。

断桥

规格：10cm×20cm

石种：风砺石

戏剧盆景能够给观者留下许多想象空间，将各剧中的情节选用在立体盆景艺术上是可取的一种题材。但在盆景制作上要突出『戏』味，并将戏剧儒、道、佛的哲学思想与民族文化思想内涵作为载体，贯穿戏中人物活动神情，营造别样的艺术氛围，将戏剧的精神感觉，在盆景中进行发挥。如这盆白蛇传『断桥』之景，在许仙、白素贞、小青三者在断桥相会一霎那，展现一个蛇神变成美女，渴求一种美满幸福生活的故事，表达他们对爱情的强烈渴望的诉求。所以戏剧艺术有一个重要特点，是通过矛盾冲突来展开情节，没有冲突，就没有戏剧，戏剧能用活生生的真人形象，直接打动观众，所以受大众喜爱。『断桥』盆景是表现民间渴望爱情的真谛，用戏剧形象来传递真、善、美，教育人、陶冶人、净化人，起着『成教化，助人论』的作用。

喜爱盆景艺术同好者都可以通过盆景图式去挖掘和开发。

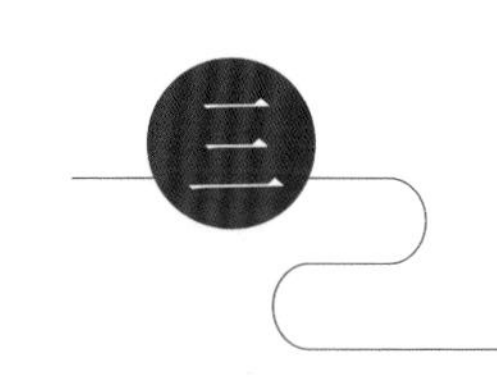

现代创意盆景浅论

——现代盆景的创作理念

读盆景中的“意象”

我在2018年自费编出《诗意微型盆景1000例》小册子，这1000例的盆景，都是自己意象出来的，我自幼喜爱绘画，画与盆景虽然是不同种类的艺术，但在规律上是相通的。我进入盆景界后，很多盆景大师都是会绘画的，他们所创作的盆景就是与众不同，如周瘦鹃是文学艺术家，贺淦荪是美术副教授，王寿山等大师都与书画界交往密切，在绘画中吸取营养，虽然只停留在树的造型，但都产生了个人的意象，都是在中国传统盆景艺术中去学习，都含有意象因素，意象盆景就是对“意”的强化，目的不完全是写实，大自然中不存在他们所种植的形象，而是在真实生活中将植物形象提高。它也与画、诗存在着紧密关系，都是从生活感悟及对生活中的植物瞬间感受用浓缩的方式表现在盆盎之中，将盆景的树态变成艺术，一盆立体盆景的景色是把生活里的美集中起来，再进行提炼创意出景色。盆景艺术是通过个人的冥想、神游、心物感应作为主要目的，从盆景而言，对自然物象的营造、构图方法、意境的内容都要在“意”上花力气，所谓意象是通过自己的想象和联想在意境上产生共鸣，如唐代诗人王之涣诗句:“白日依山尽，黄河入海流。欲穷千里目，更上一层楼”。前两句是描写自然景观，后两句是思想意境的开拓，这就可以从诗句中产生意象的升华，它完全可以借鉴在创作盆景艺术之中，为此盆景艺术的改革创新都是落实具体物象与构成，种植植物是有限的而变成意境是无限的。使实境变成虚境，创形象为象征，这就是所谈的“意象”产生。产生意境之美，是中国文化特有的，国外是学不会的。中国的《诗经》在3000年前早已有意境产生。唐诗中“苍苍竹林寺，杳杳钟声晚”“两岸猿声啼不住，轻舟已过万重山”。乐曲《二泉映月》在声中使人感受到月光泉水与人影交融在一起，都是造求意象之中，在历代的古画和在立体盆景中意境之美，更是举不胜举。中国传统文化的思想、美学、美德，作为西方人是感觉不到的，他们只求表象，中华民族出现的求意象、求神韵、求意趣的艺术西方人很难达到。

盆景艺术之品是以天然为序，将自然引用好就会感动人，盆景艺术要在真实物象里舒畅自己的心情，它是一种表达情感的手段，还要融入当代语境，将传统走向现代，我们可以大胆地进行“意象”塑造，使盆景艺术更富有时代性和现代感。

家乡情

家在古松下，草顶竹围墙，里有三间屋，
树木草花香，待到春节时，合家探爹娘。

盆景要改变只是种在盆中一棵树的旧框框，盆景要与生活联系在一起，引起喜爱者的想象，尽其所能，运用智慧及双手创造“手心合一”意象中的新题材。

制景所思——盆景艺术应紧跟时代

盆景艺术是中国文化中有意趣的一种形式，其历史悠久。在古代主要流传于宫廷、士大夫、诗人等社会上层，很少在民间人中赏玩，后来随着时代的发展，喜爱种植花草的人，用土瓮等盛器放些泥土把大地上的幼小树木进行养植，走进居室内观赏，产生了民间喜爱的渠道，同时也提升了盆景的发展空间。千百年来它已走进喜爱者的家庭，呈现出千姿百态的植物式样及各地区的乡土树材，前人的艺术实践给后人提供了丰富多样的范本，也为今人在新时代盆景艺术上配景及画家绘画上提供一种参考资料，达到“天人合一”的艺术境界。我想到盆景树的造型极美，但只是给人们留下它的影形，因为植物有其生命期，只是昙花一现，在风雨病害中会自然淘汰，因为其只能在少量的土上生长，有其生长的局限性及管理的技术性，为了能传承这些优美的树态为后人制作盆景在造型上有着“美”的依据，我就将历年来的优秀树桩、山水盆景用线描画出了2000余例，可作为后人制作前的参考，我整整花了5年时间，通过实地写生及收集资料，终于在2015年由中国林业出版社出版了。书名《绘图盆景造型2000例》，是有关盆景的工具书籍，并多次印刷甚为高兴。

我作为一名盆景艺术爱好者也可算是一个民族文化传承者，我为盆景选择了多样题材，为改变传统盆景缺少“景”的内涵，阅读了大量有关盆景艺术书籍及有关资料，并要盆景艺术成为一种文化，也在种植上通过实验，认为种植是一门技艺，没有空气与阳光是很难种植盆景的，故盆景艺术不能永久停留在种植上。当今在大楼林立、工作繁忙的新时代，不适应盆景的发展，会使喜爱者失去信心，他们去选择玩石或收藏。我们都知道，绿是人类的需求，大地是人类的生命，人类为何喜爱大自然？热爱自然，回归自然，是人类的天性，山水风景是人类现代物质文明的一方视镜，绿水青山就是金山银山，习总书记提出号召要把祖国装点成美丽河山，为我们现代盆景艺术指出了方向，盆景艺术应该在“景”上做文章，想到盆景应该改革创新，我便对盆景艺术加以分析研究，以传统山石盆景为突破口，因为其以假山为首要，假山上的树不能用真树覆盖上去，选用假树同样可以替代大自然的风貌，其不破坏自然中的树木，又不花费大量精力用在养护上，便产生“现代盆景”的理念，为探索形成个人的风格盆景面貌，在二十余年时间，制作了上千盆微型盆景，虽盆面小，但用微观方式，按比例缩小，大自然的山河、乡村、名胜、古诗、古画、戏剧均可在盆景画面上反映出来，其题材都可以来源于生活，来源于文学、诗词、绘画……祖国的万花飞泄、气势磅礴的景象均可成为盆景的题材，我认为在当今这个大时代，新时期盆景之美必须与之相适应，盆景艺术是视觉艺术，视觉中包含着人文哲理，诗与画都可作为盆景画面构成的一部分，可作为“百花齐放”中的一束花环，更重要的是可以拓展视觉空间引伸各类主题的意蕴，能在立体盆景中领略大自然的美丽风景。

《江边渔村》

此景是水乡所见，水榭动手制作，配石，假树成景，如身临其中。

盆景应是有思想有情感的作品

何谓艺术，实际上就是思想与技术有效的衔接，如以画的表现方式表现是美术，以声音表现的是音乐，以文字去表现的是文学，以舞台形象方式去表现的是戏曲……

我们做盆景艺术创作，不是客观物象的简单再现，不是简单种一盆树，做做造型，每件盆景作品都是传达自己思想的载体。思想是艺术作品的灵魂，没有思想的作品犹如插在稻田里的稻草人。

每盆盆景作品都体现一定的形式和内容。好的盆景是内容与形式完美结合，要真正做好它，就必须静下心来多读书，要不断充实自己的学养，创作出好的作品要有真本事，也都是长期文化积淀与现实生活情感体验的契合，任何艺术贵在创新，贵在求新，要使盆景创新，关键在思想观念的更新，思想观念不更新，只在技法上求新，不可能创作新的东西来。

我们要学习传统，但不要把传统看成绝对的东西，因为传统是随着时间和地域的不同而不断改变的，今天的传统可能是昨天的创新，今天的创意也可能是明天的传统，作为盆景艺术不单是一棵树作为主要角色，哪怕一块石头、一座居舍、一只动物、一座塔和桥都有其来源，有思想有情感，盆景作者就是一个造物主，要努力在小小的盆盎中使其中的山、水、树石、花鸟、鱼虫都包含着思想与自然社会巧妙衔接。你在生活中认识自然，理解生活，这就体现你对生活的热爱和把握程度。盆景的灵感是由学识积淀形成思想与外在景象瞬时间产生火花，这灵感必须及时捕捉，不然很快就会消失，如您在阅读文章、古诗、古词、古画中发现某一题材，某一场景，可以用盆景艺术形式去表现，达到可能作为盆景的课题，应立即进行记录和采摘，否则时间一长，就此作罢。我在制作盆景之前，首先画出小样，待后再仔细思考和构思这是恰到好处的方法，制作盆景要做到“勤”字当头，勤学、勤读、勤想、勤问、勤实践“五勤”为要。

这就是我在盆景创作上的一种体会，仅供参考。

附录

有人说我的现代盆景是假的，认为没有植物真的不成为“景”。今介绍天津盆景艺术家杜嵘盆景及威海园林管理处的盆景，均将我的“微型”放大了，只要你有摆放场地，也可以进行放大种真的树，但树是陪衬的，它可以随时更换各种树，但其中的“景”是永远存在的，中国盆景就应该这样，才能称为盆景艺术，下图供读者参考。

《中国园林》 土石 60cm×120cm
天津杜嵘作

《回忆老家》 碎石 50cm×100cm
威海园林管理处作

《山亭雅韵》 红松石 50cm × 100cm
天津杜嵘作

《竹林七贤》 碎石 60cm × 120cm
天津杜嵘作

后记

中国的绘画是由“景”而来，“景”从绘画而出，当你能制作出一盆盆景，其中有景、有意、有情，才能成为一盆完美的盆景，我这本书中的作品不能说全是完美的，但我创作的盆景是进行了改革创新，也算符合潮流，自觉这些盆景可爱之处是在小小盆皿中高歌大自然、高歌人生的悲欢。也符合时代精神，并含有故事性。通俗易懂，题材丰富多样，小巧精美，而且不需浇水管理，极为环保，你可大胆外出旅游。我的现代创意盆景，只要你感兴趣，有点美术基础，懂得比例和构图，都可以自己动手制作出各式各样的盆景，不要受我题材限制，只要达到“盆小意境深，情微兴趣浓”即可。我的创意盆景存放在居室，如听见野溪的流水淙淙，又可看到大漠长途遥遥，制天地之大美，无需出门而坐观百景。我的立体微型挂壁盆景，也是一种创新，画面可大可小，内容随你想象，配上灯光立体感强，胜过平面画。我的创意盆景可以引伸到每个旅游点，把当地风景带回家，永久存放和观赏，还可作旅游纪念品进行开发。我一直认为盆景是一种艺术，是一种精神追求，它可以主动发现美、感受美、表现美、创造美，盆景艺术将在视觉文化遗产对中华民族文化传统起一定作用。现代盆景可以反映中国文化历史，把文学、诗歌、戏曲中的内涵进行留存传世。它可以把景进行“活化”，也可以成为历史发展的“见证物”。时代需要我们讲好中国故事。本书中的盆景就是以景说话，成为一种创意产品，这是现代创意盆景的特色，希望盆景艺术爱好者传承中国文化，抒写时代精神，将传统中国盆景向时代转型。盆景艺术要坚定文化自信，扎根人民群众，表现生活，提升盆景创作水平，从传统中解放出来。

书稿中涉及的盆景专业术语只代表个人的认知和看法，其中有不妥之处，请同行提出宝贵意见，不胜感激！

马伯钦

2019年10月时年八十五

作者介绍

马伯钦，生于1935年，浙江绍兴人。中国民盟盟员、工艺美术师、中国盆景艺术家协会会员，中国花卉盆景杂志高级顾问，原担任上海市盆景赏石协会理事，创建《上海盆景赏石》杂志主编，出版多部盆景书籍。也自幼酷爱艺术，进入上海美术专科学校后，系统学习国画、油画，后经张乐平、乐小英老师指导从事漫画创作，曾在《解放日报》《新民晚报》《劳动报》上发表百余幅作品。

退休后加入上海市盆景协会，尤衷热爱中国山水盆景艺术，不断钻研，大胆创新，十余年来自己动手制作了上千盆以风景、诗词、田园、戏剧等一大批创意系列盆景。并多次办个人展览，展出后受到广大喜爱者的欢迎。

盆景艺术的创新

我所创作现代的意象微型盆景，是在传统盆景艺术发展而成，盆景要以“创新为魂”的理念，意象高于印象，是将诗画之意象与自然物象融入意境，将中国哲学、文学思想与盆景艺术创作结合起来，使盆景艺术意境更高雅，更耐看。从山水、名胜、田园、唐诗、戏曲等题材的发现，给人们强大的艺术震撼。在本册中的盆景构造只是部分，是我在退休后耗时20年完成缩小版创意微型景有千余盆之多。将中国几千年传统文化的精粹与时代精神的抒写用独有的艺术个性在盆景形式上展现。

——马伯钦时年八十五2019.01

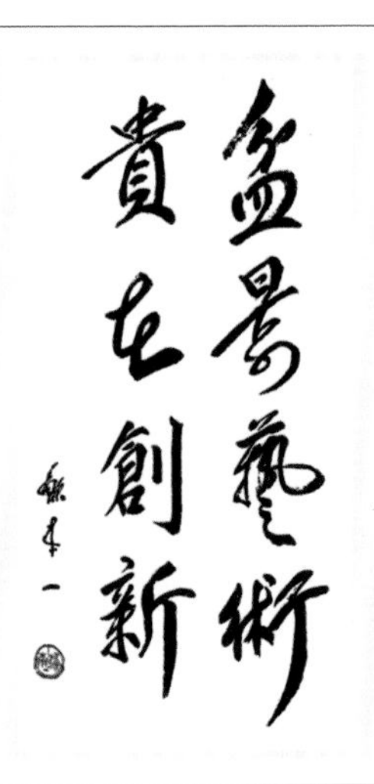

2019年中国林业出版社出版

2015年中国林业出版社出版

2013年中国林业出版社出版

2011年上海科学技术出版社出版

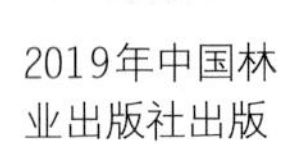

2009年上海同济大学出版社出版

2005年上海文化出版社出版

马伯钦出版的书籍及编写的相关资料